ロラン・バルト モード論集

ロラン・バルト
山田登世子 編訳

筑摩書房

目次

I

II

ロラン・バルト　モード論集

I

1　舞台衣装の病い

ここでわたしは、舞台衣装の歴史や美学ではなく、むしろ一つの病理学を、もしこう言ってよければ舞台衣装のモラルを語ってみたいと思う。ごく簡単な規則をあげてみれば、ある衣装がよい衣装か悪い衣装か、健全な衣装か病んだ衣装か、判断できるだろう。

わたしが何をもってこうしたモラルや健全さの基準とするか、まずその根拠をはっきりさせておかねばならない。いったい何をもってわれわれは戯曲の衣装を評価するのだろうか。もしかしたら、こんな答えが返ってくるかもしれない（実際これまでどの時代もそうしてきたのだ）。歴史的真実、良き趣味、細部の精密さ、目の悦び、などである。わたしはこうしたモラルにたいして別の世界を提起したいと思う。すなわち、舞台それじたいの世界である。あらゆる演劇は、ブレヒトが演劇の社会的身ぶり（gestus）と呼ぶもの、その劇作品が表す外的、物的表現に還元できるし、還元できねばならない。あらゆるスペクタクルの根底にはこの身ぶり、この独特な歴史的シェーマがあり、これを見出して表現することこそ明らかに演出家の務めである。そのために演出家は演劇の全テクニックを動員する。俳優の演技、場所の配置、動き、背景、照明、そして、ほかでもない衣装を。

したがって、衣装のモラルの基礎となるのは、いかなる場合もその劇作品の社会的身ぶりを明示すべきだということである。ということはすなわち衣装に純機能的な役割をあてがうということであり、この機能は、衣装の造形性やそれがかもしだす情緒といったものより、むしろ知的次元にかかわるものだ。衣装は、いかなるときにも作品の意味をその外的表現に結びつける役目をはたす、作品の第二の言語以上でも以下でもない。それゆえ、衣装にあって、この明白な役割を損なうもの、スペクタクルの社会的身ぶりを妨げたり、にごしたり、歪曲したりするものは、すべてよくない。逆に、形式をとっても、色彩をとっても、素材やその組み合わせをとっても、この社会的身ぶりの読解を助けるものはすべてよい衣装である。

こういう時の常道として、よくない規則から始めることにしよう。どのような舞台衣装があってはならない衣装なのか見ることにしよう(もちろんわれわれのモラルの基準に照らしてのことだが)。

一般に、舞台衣装は、どんなことがあってもアリバイであってはならない。すなわち、別の場所をしつらえて何かを正当化する手段になったりしてはならない。衣装が素晴らしく濃密な視覚的な場となって注意がそちらにそれ、劇の責務ともいうべき本質的現実からそれてしまうようなことがあってはならないのである。また、衣装が一種の代償になってしまってもいけない。作品の言葉不足や力不足を、衣装の成功が埋めあわせたりしてはならないのだ。衣装はつねに純粋な機能的価値を保つべきであって、劇を窒息させても、膨張させてもよくない。衣装は、演劇行為の意味作用にとってかわるような独立的価値をもたないように心がけなければならない。だから、衣装が断罪されるべきものになるのは、それが自己目的になるときである。衣装は戯曲にたいして一定の役目をあてがわれているのであって、その役目のどこかが過大になり、下僕が主人よりも重きをなしてしまったら、衣装は病んでいるのであり、肥大症にかかっているのである。

舞台衣装の病い、あるいは誤りでもアリバイでもいいが、わが国の芸術にきわめてよく見うけられるものを三つほどあげてみよう。

根本にある病いは、歴史的役割の肥大症である。われわれはこれを考古学的真実主義と呼ぶことにしたい。二つの歴史があることを思いだしていただきたい。過去の深い緊張と固有の葛藤を再認識する知的な歴史と、いくつかの挿話的なディテールだけを機械的に再構成するうわべの歴史である。長いあいだ、舞台衣装は後者の歴史の偏愛するところだった。ブルジョワ芸術にこうした悪しき真実主義がどれほど猛威をふるったかは、周知のとおり。衣装は本物のディテールの寄せ集めだと考えられてきて、観客の全注意力を吸収し、次いでこの注意力を寸断して、スペクタクルからはるか遠い、ごく瑣末な事柄のなかに注意力を分散させてしまう。よい衣装というものは、たとえ歴史的なものであっても、これとは逆に、ある包括的な視覚的事象である。真実にはそれより下に降りてゆけない一定の段階があって、それ以下になったら破壊されてしまうのだ。ある種のオペラやオペラコミックにまだ見られるような真実主義の衣装は愚劣の極みに達している。部分の正確さのために全体の真実が消え去り、俳優は、ボタンだの襞だの鬘だのを気にするあまり、存在感を失っているありさまだ。真実主義的衣装は、必ず次の事態に陥ってしまう。つまり、それが真実だとはよくわかるのだが、にもかかわらず信憑性をあたえはしないのである。

　真実主義にたいする素晴らしい勝利の例として、最近の劇作品のなかからジスシアが衣装を手がけた『公子ホンブルグ』[*1]の衣装をあげよう。劇の社会的身ぶりは軍事性の概念に存しており、ジスシアは数々の衣装をみなこの筋書き上の条件に従わせていた。衣装のすべての属性が、一七世紀という意味体系を表すよりもはるかに兵士という意味体系を表す役割を担っていた。形のはっきりとした衣装、厳格であると同時に簡素でもある色彩、ことに他の何より大事な要素である材質（ここでは革とラシャの感じ）、スペクタクルの眼にふれる表層すべてが作品の筋書きを際だたせていた。同様に、ベルリナー・アンサンブル[*2]の『肝っ玉おっ母』にあっても、衣装の真実を導いているのは、歴史的年代などではさらさらない。真実を支えているのは、戦争の観念であり、ある場所から別の場所へと果てなく続いてゆく戦争の観念である。どのシーンでもそれが明らかなのは、衣装の一部の形式や細部のどこかに考古学的な信憑性があったからではなく、灰色にくすんだ色彩や、擦りきれた布使い、柳や麻縄や木片などで表現された執拗な極貧のおかげなのである。

そもそも、究極のところで真に深い歴史の再現を保証するものは、（形や色ではなく）材質である。良き衣装師は、遠くから見ている観客にものの触覚を伝えるすべを心得ていなければならない。わたしなら、用いられる材質について考えぬいた選択をせずに形や色に凝る衣装師には何一つよいものを期待しない。人間の真の歴史が見出されるのは、（平面の再現ではなく）さまざまな品々を作りあげる生地そのものの中だからである。

第二の病いもよくあるものだが、それは美的な病いである。すなわち劇とは無関係な、形式美の肥大症である。もちろん、衣装に固有の造形的価値があるのを無視するのは馬鹿げたことだろう。趣味、幸福感、バランス、高尚さ、独創性の追求すらこうした価値にふくまれる。けれども、こうした不可欠な価値の数々は、判で押したように自己目的と化して、またしても観客の注意力を劇から遠くにそらせ、派生的な機能に無理やり注意を向けさせる。そうなると、すばらしい美的演劇ができあがり、人間的演劇はどこかへ消えてしまう。いささかピューリタン的な誇張をもってするなら、衣装をほめたたえるのは（パリでは実によくあることだが）、不吉な徴だと言いたいぐらいだ。幕が上がると、眼を奪われて、喝采をおくる。だが、このとき、この赤が美しい、この襞がすごいということ以外に、劇の真実について何を知っているというのだろう。この壮麗さ、この洗練、この工夫が戯曲に調和し、それに奉仕し、その意味表現に役立っているかどうか、わかっているだろうか。

こうした偏向の典型が、現在でたらめに用いられているあのベラール[*3]式の美学である。衣装への美的趣味はスノビスムと社交界に支持されているが、それはスペクタクルを形成するさまざまな要素の非難すべき独立性を前提にしている。祝祭のただなかで衣装を褒めたたえること、それはクリエーターたちの分裂をあおることであり、作品を個々のパフォーマンスの盲目的な結合に還元してしまうことである。衣装の役割は眼を誘惑することではなく、納得させることなのだ。

だから衣装師は画家であってもいけないし、クチュリエであってもいけない。彼は絵画の平面的な価値に警戒をおこたらず、絵画芸術に特有の空間配置をしないように気を配るはずだ。というのも、まさに絵画を定義するとすれば、この空間配置が必要十分条件だからである。絵画の豊かさ、濃密さ、絵画の存在の緊張感そのものが、筋書きに奉仕するという舞台衣装の役割をはるかに超えている。だから、もし彼が職業的画家であるとしたら、衣装の創造者になったとたんに、自分の職分を忘れてしまわなければならない。芸術を演劇に従わせるべきだというだけでは足りない。芸術を破壊し、絵画的空間を忘却し、人間の身体のための羊毛や絹からなる空間を新しく創造しはじめなければならないのだ。彼はまた、今日、通俗的演劇で幅をきかせている「大クチュリエ」式スタイルをも放棄せねばならない。衣装のシックさ、まるでいまディオールのところから出てきましたといわんばかりのアンティーク風の布のこれ見よがしの軽やかさ、しゃれたクリノリン仕立てなどといったものは、明確な筋の焦点をぼやかす悪しきアリバイである。それは衣装を永遠の形式、しかも、歴史にありがちな汚れをぬぐいさった「永遠に若い」形式にしてしまう。これが、われわれが初めに提示した規則に反するものであるのはもうおわかりだろう。

そうでなくても、こうした美学の肥大症を一口で表す現代的な特色が存在している。それはやたらに模型をもてはやす傾向だ（展覧会をしたり、複製を飾ったりして）。ただの下絵は舞台衣装に何一つ教えるところがない。なぜならそれは素材という本質的な経験をくぐったことがないからだ。舞台上に下絵があったりすることがよい兆候であるはずがない。下絵など不要とまではいわないが、それはほんの準備的な操作であって、衣装師とクチュリエにしかかかわりのないことだ。下絵は舞台上でことごとく破壊されねばならず、それが破壊をまぬがれるのは、あえて壁画的な芸術を求めるきわめて稀なスペクタクルの場合に限られる。下絵は道具にとどまるべきであって、一つのスタイルになってはならないのである。

最後に、第三番目にあげられる舞台衣装の病いは、金《かね》である。豪奢を求める病いというか、見てくれを求める病いである。現代社会ではよくありがちな病いであって、劇場はつねに、金を払う観客と、この金をもっとも目立つかたちで観客に返却する義務を負う総監督との契約からなっている。こうした計算にたてば、舞台衣装の豪奢な見せかけが眼につきやすい無難な金の返却手段になるのは明らかである。俗な言いかたをするなら、衣装は、感動や知的感銘よりずっと金になるのだ。感動や知的感銘はつねに不確かなもので、どのような商品形態をとっているのかわからないからである。こういうわけで、演劇が俗っぽくなると、ますます衣装は贅沢になり、衣装のために演劇を見にゆくことになって、たちまち衣装がスペクタクルの決定的な呼びものになってしまう（オペラ座の『雅なインド』、コメディー・フランセーズの『気前のいい恋人たち』[*4]）。こういったもののいったいどこに劇があるだろう？ もちろん、どこにもありはしない。富というおそるべき癌が劇を貪りつくしてしまったのだ。

そのうえ、どうしようもない悪循環で、豪華な衣装は低俗さにくわえて嘘の上ぬりをしている。俳優たちが、王侯貴族から借り受けた豪華な本物の衣装をまとっていたような時代（たとえばシェークスピアの時代）はもう終わったのだ。今日、豪華な衣装は金がかかりすぎるので、模造品、すなわちまがいものですませている。だから、肥大化するのは贅沢ですらなく、偽物なのだ。ゾンバルト[*5]は模造品のブルジョワ的起源を明らかにした。現代は、とりわけプチ・ブル的な劇場（フォリー・ベルジェール、コメディー・フランセーズ、幾多のオペラ劇場）がこうした模造品を乱用している。こうした事態は観客の幼稚さを前提にしており、観客は何の批判精神も創造的精神もないとみなされているのだ。いうまでもなく現代の舞台衣装に模造品が使用されるのを完全に否定することはできない。けれども、せめてもそれをたえず記号化すべきであって、嘘をぬりかためないようにしなければならない。劇場では、何一つ隠しごとをしてはならないのだ。このことはきわめてシンプルな道徳的規則に起因するものであり、この規則がつねに偉大な演劇をはぐくんできたのだと思う。観客を信頼し、みずから豪華さを創りだす力、レーヨンを絹に変え、嘘を幻想に変える力を断固かれらにあたえるべきである。

さて、これからは良き舞台衣装とはどうあるべきかを考えることにしよう。われわれは衣装に機能的性格を認めたのだから、そのありかたの種類を定義してみよう。わたしとしては、少なくとも二つの不可欠なありかたがある。

まずはじめに、衣装は一つの説得手段でなければならない。舞台衣装のこの知的な役割は、今日、われわれが見てきたような二義的な役割（真実主義、美学、金）の下に隠されているのがほとんどだ。だが、あらゆる演劇の偉大な時代において、衣装は強い意味論的価値を有していた。衣装はただ見るためだけでなく読みとるために供されたのであり、さまざまな思想や知識や感情を伝えていたのだ。

舞台衣装の知的ないし認知的な単位、その基本要素、それは記号である。『アラビアンナイト』には、衣装の記号性のすばらしい例がある。読者は、帝王《カリフ》ハルン・アル・ラシッドが怒るたびに赤い衣装をまとうのがわかる。そう、帝王の赤は一つの記号であり、その怒りの目につきやすい記号なのだ。それは、カリフの臣下たちに、認知できるデータを視覚的に伝達する機能をになっているのである。すなわち、それは君主の機嫌と、それがひきおこす結果のすべてを伝達するのである。

民衆や市民からなる力強い演劇は、つねに正確な衣服のコードを使用し、記号の政治学ともよびうるものを大々的に駆使してきた。一つ例をあげれば、ギリシア人のあいだでは、仮面や宝飾品の色はもともと登場人物の社会的地位や感情性に結びついていた。また、中世の教会前広場やエリザベス朝の舞台では、衣装の色は、ある場合は象徴的意味をにない、俳優の身分がわかる一種の弁別的解読を可能にしていた。さらにコメディア・デラルテでは、一つ一つの心理的タイプが決まった衣装をつけていた。観衆の知的能力に信頼をおかなくなり、記号を一種の衣装の考古学的真理のうちに溶けこませてしまったのは、ブルジョワ的ロマン主義である。それとともに記号は細部に堕し、もはや記号的衣装ではなく、真実を装う衣装を見せるようになったのだ。こうした模倣の放蕩は、一九〇〇年のバロック趣味の時代に頂点に達した。まさにそれは文字通り悪しき舞台衣装の総集編《パンデモニウム》であった。

さきほど衣装の病理学を素描したので、衣装という記号が感染しやすい病いの幾つかを指摘しておくべきだろう。いってみればそれは栄養失調の病気である。記号は、意味作用があたえられなかったり、満足にあたえられなかったりするとき、あるいはあまりに多くあたえられるとき、いずれの場合も病気になる。よくある病気のなかからあげてみよう。貧しい記号（寝巻を着たワグナーのヒロイン）、字義どおりでしかない記号（葡萄の房で表わされるバッカスの坐女たち）、情報過多の記号（一つ一つ並べられたシャントクレールの羽。[*6] 劇全体で数百キロにも及ぶ）、不適切な記号（いつの時代かわからないのに、関係なく適用される「歴史的」衣装）、さらには記号同士の複合化や不均衡もある（たとえばフォリー・ベルジェールの衣装は、大胆で明晰な歴史的様式で目をひくが、ファンタジーやきらびやかさをねらった付随的な記号がまじりあって、意味がぼやけている。そこではすべての記号が等価におかれているのだ）。

記号の健康を定義することができるだろうか。ここで形式主義に注意せねばならない。記号は、機能的であれば健康なのだ。記号に抽象的な定義をあたえてはならない。すべてはスペクタクルの実際の内容にかかっている。ここでもまた、健康とはすぐれて病いの不在である。衣装が作品の深い意味作用をあますことなく伝えるとき、衣装が作品をうめつくすことなく、いってみれば俳優が余計な重みを負わずに本質的な務めにいそしむことができるとき、それらの衣装は健康なのである。少なくとも言えることは、良き衣服のコードは、劇の身ぶりの効果的な奉仕者として、自然主義を排除するということだ。ブレヒトは、『母』の衣装について、これを次のように見事に説明してみせた(1)。すなわち、舞台では、本当に擦りきれた衣服を使うことが衣服の貧乏くささを意味する（つまりそれを告知し、主張する）ことにはならない、と。貧乏くささが表現されるためには、誇張が必要なのであり（それこそまさに映画でフォトジェニーと呼ばれるものだ）、ある種の叙事的スケールをそなえなければならないのである。良き記号とはつねにある選択と強調の成果である。ブレヒトは貧乏くささの記号をつくりあげるのに必要な操作を細部にわたって明らかにした。その知性、細心さ、忍耐力は眼をみはるものがある（衣装を塩素につける、染料を焼く、カミソリで削ぐ、蠟やラッカーや脂肪酸をこすりつける、穴をあける、つぎはぎをあてる）。今日の演劇は、衣服の美的目的に酔いしれて、衣服の記号をこれほど綿密でしかも「考えぬかれた」操作に従わせるにはほど遠い（ご存じのとおり、フランスでは、芸術にあって、頭で考えられたものは疑わしいものだ。レオノール・フィニ*7がパリの名士連を陶然とさせるあの美しい赤をつくりだすために、溶接用ランプを手にして作業している姿など考えられない）。

衣服にはもう一つの積極的な機能がある。それは人間の表現でなければならない。それは、俳優が人間であることを特権化し、その身体性をくっきりと際立たせ、できればそれを胸ひき裂くような劇的なものにしなければならない。衣装は、いわば俳優の姿を彫像にかたちどるようにして人体のプロポーションを活かし、そのシルエットを自然なものにしなければならない。衣服の形がわれわれから見てどれほど極端なものであろうと、それが俳優の肉体と完璧に一体化し、その日常生活と一体化しているように感じさせなければならない。人体が変装によって妙なものになっていると思わせるようなことは断固あってはならないのである。

　こうした衣装の人間性は、その周囲、俳優が動きまわる実質的環境に大きく依存している。衣装と背景の考えぬかれた調和は、おそらく演劇の第一の法則である。よくあることだが、たとえばオペラの演出のある種のものは、舞台背景を幾つも雑然と描きならべ、色とりどりの衣服を着た聖歌隊がわけもなく行ったり来たりしたりするなど、ごてごてと手のこんだものを舞台に盛りこんで、人間を感情も明晰さもないグロテスクな影法師にしてしまう。ところが、演劇は俳優たちにある種の模範的な身体性を公然と要求するものなのだ。どのようなモラルを課すにしろ、ある意味で劇場とは人間の身体の祝祭なのだから、衣装も背景も、この人間的身体を尊重し、そのあらゆる美質を表現しなければならない。衣装とその周囲にあるものの結びつきが有機的であればあるほど、衣装は正しいものになる。衣装を、石、夜、木の葉といった自然の材質と合わせてみるのは、まちがいなく実りある検証作業だ。その結果、もしも衣装がわれわれのみてきた悪徳のどれかにそまっていれば、それが風景を台無しにし、ちぐはぐで、効果もなく、滑稽に見えるのがすぐにわかる（映画でいえば、『ヴェルサイユ語りなば』[*8]の衣装がいい例だ。半端な人工装飾が、城の石や眺望と合っていなかった）。逆に、衣装が健全なら、外光に照り映え、輝きをましさえするはずなのだ。

もう一つ、難しいが、調和が不可欠なものがある。それは、衣装と顔の調和である。この点について、どれほどの形態的アナクロニスムがあることか！　偽物の一七世紀の襞襟やドレープの上にきわめて現代的な顔がちょこんと載せられた例がどれだけあったことだろう！　周知のとおり、そこに歴史映画の致命的な問題の一つがある（アメリカの保安官の顔をした古代ローマの元老院議員）。これと対照的なのが、ドライヤーの『ジャンヌ・ダルク』[*9]だ）。演劇でも問題は変わらない。衣装は顔と合体しなければならないのである。衣装師は、見えなくても感じさせなければならないのだ。同じ歴史的外皮が顔と衣装をつつんでいることを。

要するに、良き舞台衣装は意味するために十分な物質性をそなえ、余計な記号をつくりださない程度に透明でなければならないのである。衣装はエクリチュールであり、その両義性を有している。エクリチュールは、一つの意図を伝える道具であり、その意図はエクリチュールを超えている。だがそのエクリチュールがあまりに貧しかったり、豊かすぎたり、あるいは美しすぎたり、ひどく醜くかったりすると、もはや読めなくなって、機能をはたさなくなる。衣装もまたこうした得難い均衡を見出すべきであって、そうすれば衣装はどんな余計な価値にも邪魔されずに演劇的営みを読み解く助けになるだろう。衣装はいかなるエゴイスムも、善意からくる過剰も慎まなければならない。それじたいとしては気づかれずに、しかも存在しなければならないのだ。どのみち俳優は裸でいるわけにはゆかないのだから！　衣装は物質的であると同時に透明でなければならない。眼には入るが、眼を奪ってはいけないのだ。おそらくこれは、うわべだけのパラドクスにちがいない。つい最近のブレヒトの例がわれわれに考えさせてくれるように、舞台衣装はその物質性を強調するときこそ十全な従属的機能をになって、スペクタクルの批評的目的にぴたりとかなう役割をはたすからである。

Théâtre Populair　1955

原注

（1）次の写真集にある。*Theaterarbeit*, Dresdner Verlag, Dresden. *Théâtre populaire*, n^{0} 11, p. 55. を参照のこと。

訳注

＊1　『公子ホンブルグ』はドイツの劇作家ハインリヒ・フォン・クライスト（一七七七―一八一一）の戯曲。フランスの国立民衆劇場（TNP）での公演にあたり、画家のレオン・ジスシアが舞台装置と衣装を手がけた。

＊2　一九四九年、ブレヒトは妻のヘレーネ・ヴァイゲルと共に劇団「ベルリナー・アンサンブル」を創立。一九五四年、パリ国際演劇祭にて『肝っ玉おっ母』が上演される。

＊3　クリスチャン・ベラール（一九〇二―四九）フランスの画家、舞台装飾家。

＊4　『雅なインド』はジャン＝フィリップ・ラモーの音楽によるバレエ。一七三五年初演。『気前のいい恋人たち』はモリエールのバレエ付き喜劇。初演一六七〇年。

＊5　ヴェルナー・ゾンバルト（一八六三―一九四一）ドイツの経済学者、社会学者。主著に『恋愛と贅沢と資本主義』など。

＊6　シャントクレールは、エドモン・ロスタンの寓話劇『シャントクレール』（一九一〇）の主人公の雄鶏。

＊7　レオノール・フィニ（一九〇七―九六）シュルレアリスム華やかな時代のパリで活躍した女性画家。バタイユやブルトン、ポール・エリュアールなどと知り合い、数々の舞台装置や映画の衣装、装置にたずさわった。

＊8　『ヴェルサイユ語りなば』は、サッシャ・ギトリが台本を書き、監督をした映画。ヴェルサイユの宮廷生活を豪華キャストで描いた。一九五四年上映。

＊9　カール・ドライヤー（一八八九―一九六八）はデンマークの映画監督。一九二七年作の『裁かる、ジャンヌ』は、受難のジャンヌ・ダルクの表情を克明に描いた傑作。

2　宝飾品からアクセサリーへ

長いこと、諸世紀の間、そしておそらく千年の昔から、宝飾品の素材は主として鉱物であった。ダイヤモンドであれ金属であれ、貴石であれ金であれ、それは必ず地下の深み、暗いと同時に火の燃えさかるあの中心部からやって来るものだった。そこから産出されるものといえば、硬くて冷たいものばかり。要するに、その起源からして宝飾品というのは地獄のオブジェなのであり、それをあの地下の洞窟から掘りだすには犠牲を払わねばならず、しばしば血にまみれた労働を要したのだった。その洞窟に、人類の神話的想像力は、死者と宝と罪とを同時に葬っていたのである。

地獄から抽出された宝飾品は、地獄のシンボルとなり、本源的に地獄的な性格をまとうことになった。すなわち非人間性のシンボルとなったのである。石であるから（宝石の大部分は石なので）、それは何よりまず冷酷である。石はつねに物の本質、すなわち、どうしようもなく命を欠いたものとみなされてきた。石、それは生でも死でもなく、じっと動かず、どこまでも自己自身でしかない物の頑迷さである。それはかぎりなく不動のものなのだ。だから石は非情である。火は残酷であり、水は陰険だ。石ときては、一度も生きたことがなく、これからも決して生きることなく、いかなる生気にも頑として応じようとしない絶望である。宝飾品は長い間、この鉱物的起源から、あの最初の象徴権力をひきだしていた。すなわち、物の秩序のように動かぬ秩序を告知する権力である。

けれども人間の詩的想像力は、摩滅に捧げられた石、高貴で、由緒ある石、とにかくも生きて歳月とともに老いてゆく石を考えることもできたのだった。一方、石の精髄であるダイヤモンドといえば、時を超越している。摩滅せず、腐敗せず、その透明性は数ある美徳のなかでも最も危険な美徳、すなわち純粋さの精神的イメージを形成している。ダイヤモンドは実体として純粋であり、清潔で、ほとんど無菌である。けれども、他方には、たとえば水のように、優しく、はかない純粋さもある。またその一方で、不毛で、冷たく、刺すような純粋さもある。というのも、純粋というのは、命であるが、同時にそれは逆のもの、不毛さそのものでもあり、ダイヤモンドは地下に潜む生殖力なき息子のごときものであって、何も生みださず、朽ちて腐敗質になり、芽を出すこともできない。

それでいながら、ダイヤモンドはひとの心をそそる。硬く、透明なダイヤモンドは、第三の象徴的特性を有している。輝きだ。こうしてダイヤモンドはこれまでにない魔術的で詩的な主題と一体になる。つまりそれは、パラドクサルな物質という主題だ。ダイヤモンドはまさに火であるが、まさに氷でもあるのである。この冷たい火、この刺すような輝き、だが何の呼びかけにも応えない輝きは、数々の虚栄心、実質なき誘惑、真実なき快楽からなる現世の何という象徴であろう！　世々かぎりなく、キリスト教徒の人々は世間と孤独との対立を切に（われわれよりはるかに敏感に）感じとってきた。その火と冷たさによって、ダイヤモンドとは現世であった。さまざまな野心と追従と幻滅に満ちて、嫌悪をそそりつつしかも心を誘惑するあの世界であったのだ。多くのモラリストたちがその世界を断罪してきたものだった――とはいえ、おそらくかれらの断罪はその世界をよりよく描く結果となったのだが。

それでは金はどうだろう？　金もまた宝飾品としてあつかわれてきたのだが。金も最初は鉱物ないし金塊だったのだから地の地獄から来たものだが、金は象徴的というよりむしろ知的な物質である。一定の商品経済のなかでしか金は魅力を発揮しない。金は詩的なリアリティを持っていないか、持っていても、ほんのわずかしか持ちあわせていないのだ。金を思い浮かべるのは、もっぱらその物質的凡庸さ（黄色っぽくくすんだ金属）がその及ぼす結果といかに不釣りあいか、指摘するときだけである。だが記号としては、何たる力であろう！

そう、まさしく金はすぐれて記号であり、あらゆる記号のなかの記号である。金は絶対的価値であり、かつて魔術が有していた力をもふくめた諸力をそなえている。それは、財産も美徳も、生命も身体も、あらゆるものをおのれのものとしうるではないか？　あらゆるものをその逆のものに変え、高いものを低くし、低いものを高くし、貶めたり、栄光を授けたりできるではないか？　宝飾品は長きにわたって金のこの能力を分有してきた。いやそれだけでない。金は、貨幣にもならず、使われもせず、たちまちのうちにあらゆる実践的秩序からひきあげられてしまったが、そうしてできたあの純粋な金、使用法がいわば自己自身にむけて閉ざされた金は、最上級の金となり、絶対的な富となった。宝飾品はこうして価格の概念そのものとなった。ひとは金をあたかも一つの観念、おそるべき力の観念として身につけるようになった。というのも、この金は力を証明するためにただ見られるだけでよいからである。

明らかに、長きにわたって宝飾品は超権力の記号、すなわち男らしさの記号であった（男たちが宝飾品をつけなくなったのはごく最近のことにすぎない。現代の男性服の起源にあるクエーカー教徒のピューリタニスムに影響されてそうなったのだ）。現代社会では、なぜ宝飾品がつねに女に結びつき、その力や魔力に結びついているのだろう。つまりそれは、男が自己の権力の顕示をさっさと女にゆずったということなのだ（何人かの社会学者たちはこのようにモードを説明している）。女は夫の富と権力を詩的に証すのである。ただし、人間社会ではよくおこるように、基礎にあった動機はたちまち意味作用を授けられ、象徴と予期せぬ結果を授けられるものである。こうして富の原始的展示はまさに女性神話に浸透して再現されることになった。ここでもまた神話は地獄の神話である。というのも女は宝飾品のためにみずからを失い、男は、それ欲しさに身を捨てた宝飾品の所有者たる女のために地獄に落ちるからだ。宝飾品につながれて、女は自分を悪魔に売り、男はその女に身を捧げる。女はみずからが高価で冷酷な宝石となるのだ。散文的でもあれば霊的でもあるこうした象徴性、つまりは素朴な象徴性がわれわれ西欧の未開時代だけのものだと思ってはならない。たとえば第二帝政時代は、全社会が宝飾品の権力に酔いしれ、狂おしくそれを求めた。長い間ダイヤモンドや金の物理的性質であるかに思われてきたあの「罪」の伝染力さながらに。ゾラの『ナナ』は、まさに二重の破壊のうちに消滅してゆく一社会の狂おしくも壮大な破滅の歌である。その破壊は、二重の貪欲と言ってよいだろう。女はダイヤモンドと男をともに食いつぶすのだから。

現代でもこのような神話は完全に消滅したわけではない。いまなお大きな宝石店が存在し、ダイヤモンドの世界市場が存在し、名高い宝飾品が泥棒に襲われたりもする。だが、地獄という主題は目に見えて消滅の途にある。何よりまず、女の神話が変容をとげたからだ。小説でも映画でも、女はしだいに宿命の女から遠ざかり、もはや男を破滅させたりしない。女を不動のものと化し、命なきものとし、貴重で危険なオブジェにすることはできなくなった。女は人間の秩序に参入したのである。それにともない、神話的な大いなる宝飾品はもはやほとんど存在しようがない。それはいまや歴史的価値、女の身体の一部を刻んで防腐処理をほどこし、かぐわしい香りをたきしめたオブジェであり、金庫入りを宣告された価値である。要するにモードは——こう言うとすべてを言うことになるが——もはや宝飾品を知らず、知っているのはただアクセサリーだけなのである。

ところで、ご存じのとおり、モードとは言語活動である。モードをとおし、どれほどはかないものに見えても、モードを構成する記号の体系は、現代社会を——女性の社会だけでなく——提示し、みずからの姿を伝え、世界をどう考えているかを語る。こうして、古代社会の宝飾品が根底で本質的に神学的性質を表していたのと同様に、今日のアクセサリーは、店やモード雑誌で見るかぎり、現代という時代に従い、表現し、意味している。罪の古代社会からやって来た宝石は、一言でいえば、世俗化したといえるだろう。

この世俗化はまず第一に、もっとも目に見えるかたちで、アクセサリーの物質性そのものに影響をあたえた。それらの素材は石や鉱物だけには限られず、ガラスや木のように壊れやすく優しい素材のものもある。そのうえ、もはやアクセサリーは、もしこう言ってよければ非人間的な価格をひけらかすためだけのものではない。卑金属や値のはらないガラス類のものもつくられるようになっていて、金や真珠といった高価なものを模造するときも、模造を恥じたりしていない。イミテーションは資本主義文明の特質となったのだが、もはやイミテーションは、安上がりに金持ちになろうとする欺瞞的な方法でも何でもない。

それは堂々とみずからを表し、だまそうとはせず、真似した素材の美的形質を保つことだけが狙いなのである。要するに、宝石の全般的自由化が成ったのだ。宝石の定義は広くなった。いまやそれは、もしこう言ってよければ、偏見から解放された一つのオブジェである。形もさまざま、素材もさまざま、使いかたは無限、もはや宝石は高価という法則に仕えることもなければ、祝祭的で、ほとんど聖なる使用法だけに仕えることもない。宝石は民主化されたのである。

　このような民主化は、当然ながら、古いそれにとってかわる新しい価値規制をともなわずにはいない。富が宝飾品の希少性にかかっていた限りは、それは価格（素材と加工の）以外のものでは計りようがなかった。けれども、ほとんど誰もが何かを買える時代になり、制作されたものが商品になるようになってからというもの、民主的だがいまだ差異化のあるわれわれの社会は、その商品を、別の秩序の識別に従わせなければならない。その差異とは、趣味であって、モードはまさしく趣味の判者であり、守護神なのである。というわけで今日われわれは、悪趣味な宝石なるものを所持している。しかも逆説的なことに、かつては威信と魔力の基礎であったもの、すなわち破格の価格を誇示することがまさに悪趣味なのである。あまりにも高価で豪華な宝石は品がないのだ。それどころか、高価な宝石が趣味良きものとみなされるのは、価格の高さが秘められている時に限られ、そんな時には、ぱっと眼にはついても、ただわかる者だけにしかわからないのである。

だとすれば、現代のアクセサリーにとって良き趣味とは何であろう。それはただたんにこういうことだ。つまり、アクセサリーは、どんなに安いものであろうと、服装全体との関係でよく考えられており、スタイルというあの本質的に機能的な価値に従う必要がある。新たな事実、いうなればそれは、アクセサリーがもはや単独ではないということである。それは、身体や衣服、アクセサリー、状況といったものを束ねてできる関係の一項なのである。アクセサリーは全体の一部であって、この全体はもはや儀式性を運命づけられてはいない。趣味はいたるところにあって、仕事にも田舎にも、朝にも、冬にもあり、アクセサリーはそれに合うものでなければならない。もはやそれは、装飾を目的につくられた、特別で、眼にもまばゆい魔術的なオブジェ、すなわち女を価値化するオブジェではなく、もっと質素で活動的なものになったのだ。いまやそれは衣服の一部であり、布や裁断や、ほかのアクセサリーと同等な関係に入ったのである。

ところで、まさしくアクセサリーはボリュームがなく、限定されていて、布のような流動性とは別の実質からなっている。それらすべての性質によってアクセサリーはモードの一部となり、衣服全般の核心とでもいうべきもの、あの細部になっている。細部は諸機能の微細な全体の産物を趣味性で計るのに決定的な役割をはたした。モードは、どんなに些細で、物理的な嵩など無いにひとしいものであろうと、ただそれがあるかないかという事実に大きな力をあたえるようになってきたのだ。ここから、現在のモードにおける、わずかなボリュームで衣服の構造を変え、調和をもたらし、活性化するすべてのものの極端な価値が由来する。それはまさしく（だがいまや大きな敬意をもって）何でもないものと呼ばれるものなのだ。アクセサリーは何でもないものである。だがこの何でもないものが大きなエネルギーを放つのである。たいてい、値もはらず、宝飾店の殿堂ではなく、シンプルな「ブティック」で売られていて、さまざまな素材からなり、自由なインスピレーション（しばしばエキゾティックでさえある）で作られていて、一言でいえば、その物理的存在において語の正確な意味で価値の低いもの、ごく質素なアクセサリーが、おしゃれに生気をあたえる要素で在りつづけているのだ。なぜならそれは秩序と構成への意志の記号だからであり、要するに知性への意志の記号だからである。微少な配合であればあるほどよく効くあの半ば化学的で半ば魔術的な物質と同様に、アクセサリーは衣服を支配する。その理由は、もはやアクセサリーが絶対的に貴重だからではない。そうではなくてアクセサリーが衣服の意味作用に決定的な形でかかわっているからである。いまや大切なのはスタイルの意味であって、この意味は一つ一つの要素ではなく、それらの関係にあるのであり、この関係のなかで、究極的な意味作用の力を発揮するのは切り離された項目（ポケット、花、スカーフ、アクセサリー）である。これは分析的な真理であるばかりか、詩的な真実でもある。諸世紀、諸社会をとおして宝飾品からアクセサリーへと移りかわってきた大変遷の道は、ボードレール的宇宙の冷たく豪奢な石が、アクセサリーや無にもひとしいものからなるあの些細な小物《ビブロ》へと移りかわった道に通じている。マラルメはその小物のうちに、何でもないものを意味するものに変えてみせるという人間の新たな形而上学のすべてを込めたのだった。

Jardin des Arts, n^{0} 77, 1961/4

Diamant（Anvers）, n^{0} 36, 1961/12に再録

3　ダンディズムとモード

何世紀にもわたって、社会階級の数と同じ数の衣服が存在した。一つ一つの身分にそれぞれの衣服があり、身なりは何の支障もなく真の記号の役割をはたしていた。身分のちがいもまた自然なものとみなされていたからである。こうして、一方で衣服はまったく慣習的な規範に従うとともに、この規範そのものが自然秩序、というよりも神的秩序に従っていた。衣服を替えること、それは階級と人品を同時に変えることだった。というのも両者は一つのものだったからである。というわけで、たとえばマリヴォーの喜劇[*1]では愛の戯れが身分の取り違えに結びつき、社会階層の交換が衣服の交換に結びつくさまが見てとれるのだ。当時は、まさに衣服の文法が存在したのであり、それに外れることは、たんに趣味の悪さを露呈するばかりか、世の根本的秩序に抵触することであった。古典文学の筋立てや展開は、衣服にそなわる明白な記号性にどれほど多くを負っていることだろう！

周知のとおり、フランス革命以後、男性服は根本的な変容をとげた。形態（主としてクエーカー教徒のモデルから来たもの）だけでなく、その精神において変化したのである。デモクラシーの観念は、理論的に制服化された衣服をうみだし、もはや着飾るという公然たる要求に従うのではなく、労働と平等の要求に従う衣服が生まれたのだ。現代の服装（というのも、われわれの男性服はおおざっぱに言って一九世紀の服装だからだが）は、原則として実用的で威厳のある服である。それはいかなる労働条件（それが手仕事でもないかぎり）であっても着用できる服であり、そのいかめしさによって、あるいは少なくともその簡素さによって、前世期のブルジョワジーを特徴づけるあの道徳的禁欲《カント》を誇示しなければならないのである。

けれども、実際のところ、社会階級の差異は少しも解消などしなかった。政治的には敗北を喫したが、作法に限っていえば、貴族はなおも強い威信を保っていた。そしてブルジョワたち自身も自己を護らねばならなかったのだ。労働者にたいしてではなく（その衣装ははっきりとした徴《しるし》があった）、上昇してくる中流階級にたいして、である。こうして衣服は、フランス革命と帝政があたえた理論的画一性をいわば裏切る必要があり、いまや普遍的となった様式のなかで、社会階級の対立を明らかにするにふさわしい一定の形式的差異を維持せねばならなかったのである。

そのときであった。衣服のうちに、新しい美的カテゴリーが登場したのは。それは以後長く続いてゆく（現代の女性の服も今なお大いにこの美学を消費しており、モード雑誌を見ればそれは一目瞭然である）。すなわち、細部というカテゴリーだ。もはや民主的で勤勉な原理に抵触せずには男性服の基本型を変えることはできないので、細部（「何でもないもの」「なんとなく感じられるもの」「個々の着こなしかた」等々）こそが衣装の差異の弁別機能のすべてをひきうけたのである。ネクタイの結び目、シャツの生地、ベストのボタン、靴のバックルなどは、これ以後、もっとも洗練された社会的差異を明らかにするのに十分なものになる。それと同時に、地位の優位性は、民主主義という規則ゆえに公然と見せつけることができなくなったので、新しい価値のもとで、自己を偽って、昇華した。すなわち、趣味という価値だ。といってもこの語はまさに曖昧なので、もっと正確を期して言うならば、卓越性《ディスタンクシオン》という価値である。卓越した男、それは、嵩がはるものではないが、小さくても強力な力を発揮するような手段をもちいて一般大衆から区別された男である。一方で、彼は自分と同等の者たちだけに認められようと思い、また一方で、この認知は主にさまざまな細部にかかっているので、時代の課した制服にたいし、卓越した男は、幾つかのさりげない（目立たず、それでいて他とは区別のつく）記号を加えたといってもよいだろう。その記号はもはや公然たる身分を示す見世物的記号ではなく、ひたすら暗黙の記号である。事実、卓越性は半ば秘密の道をとおって衣服の記号性に参与するのだ。というのも、一方で、卓越性を読みとってもらおうとねらう集団は小規模になり、他方で、この読みとりに必要な記号は数少なく、しかも新しい衣服言語に多少とも精通していなければわかりにくいものだからである。

ダンディとは(その服装だけに限定しての話である。というのも、周知のとおり、ダンディズムとはただの服装の在りかたとは別のものだからだ)、卓越した者の衣服をある絶対的ロジックに従わせて、過激なものにしようと決意した男のことである。一方で、彼はたんなる卓越化以上のことをする。彼の本質はもはや社会的なものではなく、形而上学的なものだからだ。ダンディは決して上流階級と下流階級を対立させたりなどしない。個人と凡俗の民の絶対的対立だけが問題なのだ。いや個人というのも彼にとっては一般的すぎる観念であって、彼が自分の衣服を読ませようとする相手は、いかなる比較項もない、純化された自己自身なのだ。だから究極的には、ナルシスさながら、相手は自分自身、ただ自己あるのみなのである。他方でダンディは、みずからの本質が、あたかも神々のそれであるかのごとく、とるに足らないもののうちにそっくり現れると言う。ここで「細部」は、いかに微細なものだろうと、もはや具体的なモノでさえない。それは、しばしばそれとわからないように巧みに普通のふるまいから逸脱したふるまいであり、衣服を破ったり、「変形」させたり、もしも誰かと同じようなところがあったりしようものなら、どんなことがあってもそれとはちがう服装をすることなのだ。たとえば、新調したての服を下僕に着せたり、手袋を完璧に手にあわせるために湿らせたりすることは、こういった考えを明らかにするふるまいである。それらはたんに選別的であるだけでなく、きわめて創造的でもある。この考えにしたがえば、一つの形のもたらす効果はあらかじめ考えられたものでなければならず、衣服は制作されるものではなく、手加減を加えられるものなのだ。

ダンディズムはだから一つの倫理であるだけではなく（それについてはボードレールやバルベー・ドールヴィイ以来[*2]、多くが語られているが）、一つのテクニックでもある。ダンディを作りあげるのはこの二つの結合なのだが、明らかに倫理を保証するのはテクニックの方である。あたかもそれは、（たとえばヒンズー教のような）禁欲的哲学においてそうであるのと同様、何らかの身体行動が思考の訓練に役立つのである。そして、ここではこの思考が自己自身の断固として独自なヴィジョンにあるのだから、ダンディは際限なく無限に新しい卓越化の特徴を考案しつづけなければならない。あるときには富にたよって貧者から距離をとるかと思うと、あるときは着古しをつかって金持ちから距離をとったりする。ダンディが大衆を避け、決してそこに混ざらないのはまさに「細部」の機能のおかげである。ダンディの独自性は本質からして絶対的ではあるが、実質は控えめである。なぜならダンディは決してエキセントリックに堕してはならないからであり、エキセントリックはきわめて模倣しやすい形態なのである。

原則として「細部」は衣服を「別のもの」にかぎりなく変えていた。実際のところ、服の着かたは限られているから、何かの細部の制作の助けを借りなければ、身なりの刷新はたちまち絶えてしまうだろう。まさにそれこそ、男性服が明確に工業製品になったときに起こった事態であった。職人芸にたよる方途を奪われて、ダンディは絶対的に独自な服というものをあきらめなければならなかったのだ。というのも形態が規格化されると、贅沢な服にしたとしても、もはやそれは決してユニークではありえないからである。だから既製服はダンディズムへの最初の致命的一撃であった。けれども、もっと仔細にみると、ダンディに決定的な破滅をもたらしたもの、それはおそらく「オリジナル」なブティックの誕生である。こうしたブティックは、大衆の規範には一致しない服や付属品を普及させる。しかしながらこの逸脱そのものが商業に担われているのだから、いかに高価なものであろうと、それじたいが規範的なものになってしまう。XなりZなりの店でシャツやネクタイやカフスボタンを買うことで、人はある種のスタイルに従っているのであり、そのとき人は独自で個人的な（ナルシス的なとも言いうるだろう）創発性をいっさい失っている。ところで、本源的な要求として、ダンディズムとは創造であった。ダンディはみずからの装いをめぐって構想を抱くのである。まさに現代の芸術家がよくある素材（たとえば貼り絵《パピエ・コレ》）を使って作品の構想を練るのとまったく同じように。ということは、究極的に、ダンディは自分の服を買うことができないということである。購買の自由（創造の自由ではなく）に還元されてしまっては、ダンディズムは息の根をとめられて死ぬしかない。最新流行のイタリアの靴を買ったり、いま出たばかりのイギリスのツイードを買ったりすることは、流行への迎合なのであるから、きわめて俗っぽいことである。

　実際、モードとは定期的に現れる新作の集団的模倣である。モードは個性の表現とか、いまどきの言いかたにならえば「自分らしさ」の表現などをアリバイに使うけれど、それは本質からして集団的な現象で、社会学者がよろこんで対象にする現象なのだ。個人と集団の完璧な弁証法がそこにあるからである。そのうえモードは現在誰もがかかわる事柄になっていて、モード専門の女性誌の極端な発展ぶりをみてもそれが明らかだ。モードとは一つの制度であって、モードが卓越作用をはたすと思っている人は誰もいない。ただ一つ、流行遅れなものは卓越性の観念をふくんでいる。言葉を変えて、集団的な見かたにたてば、モードはその反対物によってのみそれと認められるのだ。モードとは健康であり、道徳であって、流行遅れとは病い、もしくは堕落なのである。

　というわけでわれわれは次のパラドックスに直面する。モードは衣服の制度的な独自性を暴君のように自分でひきうけるので、考案された独自性というものを絶滅させた。官僚化されたのは衣服そのものではない（たとえばモードのない社会のように）。事はもっと微妙で、衣服を独自にするという考えかたそのものが官僚化したのである。モードをとおして、現在出まわっている服に幾ばくかのダンディズムを吹きこむことは、決定的にダンディズムを抹殺することである。なぜならダンディズムは、過激であるか、さもなくば無か、を宿命づけられているからだ。したがって、ダンディズムを抹殺するのは、世界が全体的に社会主義化したことではない（たとえば現在の中国のように厳密に制服化された社会を思いうかべればよい）。そうではなくて、絶対的個人と完全な大衆のあいだに中間勢力が介在するようになったことである。モードはいわばダンディズムを希薄化し無力化する役目をになったのだ。近代の民主主義社会はみずからのうちに、独自性への要求と、全員がその要求を満たす権利と、その二つの均衡を自動的にはかる、一種の調整機構を確立したのである。ここには明らかに矛盾がある。その調整機構が死なずにいるのは、衣服の更新を厳密に定期的な持続期間に従わせたからである。その持続期間は、更新に身をなじませるに十分に長く、購買のリズムを早めて、人々のあいだに財産の格差が復活するのに十分なほど短くなければならない。

おそらく、女性の衣服については、構成要素（単位と言ってよいかもしれない）の数が多いので、まだしも豊かな組み合わせが可能であり、それゆえ真に個性的な装いもできることだろう。だがこれまでみたとおり、ダンディズムを本質的に男性的な現象にしている心理学的特質（ナルシシズムや同性愛といった問題）はおいても、ダンディの服は、制服化した型で、しかも細部は変更可能であった、あのつかの間の歴史時代にしか現れえない。

女性のモードほど変化も早くなくラディカルでない男性のモードは、すでに長きにわたって、服の根本的な型を何も変えないまま細部のヴァリエーションを汲みつくしているといってよい。だからモードはダンディズムからその限界も糧をも奪っているのだ。ダンディズムを殺したのはほかでもないモードなのである。

United States Lines Paris Review, 1962/7, Numéro spécial sur le《dandysme》

訳注

＊1　マリヴォー（一六八八—一七六三）　一八世紀のフランスの劇作家。『愛と偶然の戯れ』は代表作の一つ。裕福なブルジョワの娘シルヴィアは、父の友人の息子ドラントと見合いをすることになったが、相手の心をためそうとして、侍女のリゼットの服を着て身がわりになる。一方、ドラントの方も同じように考えて侍僕アルルカンの服を着て身がわりになる。こうして出会うことになったシルヴィアとドラント、リゼットとアルルカンのあいだに悲喜劇的な恋愛模様がくりひろげられてゆく。

＊2　ジュール・バルベー・ドールヴィイ（一八〇八—一八八九）　フランスの作家。『ダンディズムとジョージ・ブランメル』はダンディ論の古典ともいうべき評論である。

4　靴下と思想

一八世紀に刊行された『フランス科学・技術・工芸百科全書』のなかに、有名な項目がある。一見つつましいテーマであるにもかかわらず、新世紀の精神のすべてがそこに輝いている。それは、靴下編み機についての記述である。

この項目を執筆したのはディドロ自身である。なぜこんなものに興味を抱いたのだろうか？　第一に、いうまでもなく、靴下編み機が技術文明の進歩をよくあらわしているからであり、一八世紀はこの技術文明の出発点となったからである。一方に、つましい服飾品のパーツのレベルでとらえられた日常生活の欲求があり、他方には、今までのような労働と時間をかけないで、この必要を満たしうる技術の力がある。こうして、新しい靴下編み機は、人生の避けえない代償と信じられてきた「労苦」という古い法則の崩壊を象徴していたのだ。

そればかりではない。ディドロの眼に、靴下編み機が真に素晴らしいと映ったのは、それが一種の完璧な知性をそなえているからだ。ディドロは書いている。「この機械は、作品の製造が結論であるような、唯一無二の論理であるかのように見える。それゆえ、各部分はきわめて緊密な依存関係を保持しているので、その一つをひきぬいたり、重要ではないと思われる部分の形一つを変えたりするだけでも、メカニズムの全体が駄目になってしまう」。ここで靴下編み機は、観念の演繹的結合やその形態の必然性といった、知性に期待される完全性をあらわしているのだ。たしかに、ディドロ以降も、たえず人類はより複雑な新しい機械をつくりつづけ、機械をモデルとしてその複製でもある知性の限界を克服して広げてきたように思われる。靴下編み機はすっかり変わってしまった。しかしながらシンボルは残りつづけ、変わらぬ驚きが残っている。それが保護しつつ際だたせている肌とおなじくらい素晴らしく繊細で、軽く、なめらかな女性の靴下は、聖人の寛衣にも似て、いかなる縫い目もなく、まさにそれじたいが超自然の創造のシンボルであり、しかも論証の（ディドロの言葉に従えば）結論となっているのだから。その論証の複雑さは、知性の閃きの刻印と同じく、製造に要する何秒かの閃きのうちに刻みこまれているのである。

Billi Firenze, Florence, 1967/7

5 シャネルvsクレージュ

今日、文学史をひもといてみたら、新たな古典作家の名を見出すことだろう。ココ・シャネルという作家を。シャネルは紙とインクで書いたのではなく（暇な時は別として）、布と形と色彩で書いた。それでもシャネルがあの偉大な世紀の作家に特有の権威と貫録をそなえていることはよく知られている。シャネルは、ラシーヌのように優雅で、パスカルのように厳格主義者《ジャンセニスト》で（シャネルはパスカルを引用している）、ラ・ロシュフコーのようにモラリストで（彼女は彼に倣って世に格言を残した）、セヴィニエ夫人のように繊細で、そのうえ、あのグランド・マドモアゼル*1のように反逆的だ（最近シャネルがクチュリエたちにおこなった宣戦布告を見よ）。事実、シャネルはマドモワゼルの愛称と責務を引き継いだ。シャネルはモードを野蛮すれすれまでもっていって、それに古典の秩序の持つ諸価値を授けたと言われている。すなわち、理性、自然らしさ、驚かすのでなく気にいられたいという志向などである。フィガロ紙上でコクトーと肩をならべて上質な社交界文化の一端をになっているシャネルは、皆に愛されている。

古典主義に対立するとしたら、未来主義以外の何をもってこようというのだろう? クレージュは、現在すでに少女になっている女性たちが、二〇〇〇年に着る服をつくっていると言われている。すべての伝説がそうであるように、ひとは人物の性格と作品のスタイルを混同しながら、クレージュを絶対的革新者にふさわしい美質で飾りたてている。若く、激しやすく、きわめて刺激的で、辛辣で、スポーツ狂(それも、もっとも荒っぽいスポーツであるラグビー狂)で、ノリがよく(彼のコレクションはツイストの曲にのって公開された)、めちゃめちゃにむこうみずなのだ。なにしろ彼はドレスでないイブニングドレスを考案したのだから(ドレスでなくショートパンツを)。伝統や良識や感性といったものは——フランスではそれなしに素敵なヒーローは存在しえないのだが——、クレージュにあっては私生活の片隅に仄見えるだけである。彼は故郷のピレネーの急流のほとりを散歩するのが好きで、職人のようにデッサンを描き、コレクション中のただ一着の黒いドレスをポーにいる母のもとに送っている。

以上のことが意味するものはすなわち、シャネルとクレージュをへだてる何か重要なものがあると、いたるところで感じられることである。モードよりもっと深い何か、少なくともモードはその表れのきっかけにすぎないような何かが。いったいそれは何なのか。

シャネルの創造はモードそれじたいに異議を申し立てている。モード（現在われわれが頭に思い描くようなモード）は暴力的な時間感覚にもとづいている。毎年、モードはそれまで褒めそやしてきたものを破壊し、これから破壊するであろうものを褒めそやす。敗北した去年のモードは、今年勝ち誇っているモードに対して、死者が生者にむかって言うあの冷ややかな言葉を残すと言ってもおかしくない。ときおり墓碑にそんな言葉が刻まれていたりするものだ。「今日のお前は昨日の私。明日のお前は今日の私」。シャネルの作品は、こうした毎年の復讐に参与していない――参与したとしてもわずかだ。

シャネルはいつも同じ型をつくって、毎年それに「変化をつける」だけだ。ちょうど音楽のテーマを「変奏する」のと同じように。シャネルの作品が語っているのは（シャネル自身もはっきりとそう言っているが）、女性の「永遠の美しさ」というものが存在し、芸術の歴史がその唯一のイメージを伝えているということだ。アメリカではよく紙とかプラスティックとかいった素材でドレスをつくってみたりするが、シャネルはそのような長持ちしない素材を断固として退ける。持続性という、あのモードを否定するもの、シャネルにとってはそれこそが貴重なのである。

ところで、衣服の美学のなかには、誘惑することと持続することを結びつける、きわめて特殊な価値、矛盾してさえいる価値がある。それは「シック」という価値だ。「シック」は衣服が消耗しているとはいわないまでも、せめてそれが使用ずみであってほしいと願っているし、それを必要とさえしている。「シック」は新品に見えることに恐怖をいだいているのだ（あのダンディの極みであるブランメルが衣装を召使に着せて、なじんでくるまで決して着ようとしなかったことを想起しよう）。「シック」というこの崇高な時間こそ、シャネル・スタイルの決定的な価値なのである。一方、クレージュの服は、こうした脅迫観念にしばられない。すこぶるフレッシュで、色彩豊かというか、絵具をぬったようなというか。そこを、白が支配している。白というこの絶対的な新しさが。わざと素晴らしく若くしたこのモードは、時には子供っぽい女学生風で、幼稚な服さえもある（ベイビーの靴や靴下）。このモードは冬すら明るい季節にする。いつも若々しく、新しい女たちに着せるモードなので、新しさにコンプレックスも持っていない。シャネルからクレージュへと、時間の「文法」が変化するのである。シャネルの変わることのない「シック」は、女性はすでに生きた（そして生きる術を知った）と言い、クレージュのあくなき「新しさ」は、女性がこれから生きるのだと言う。

したがって、シャネルにとって時間は「スタイル」であり、クレージュにとっては「モード」であって、これが二人のちがいなのである。また、二人の身体感覚もちがう。シャネル特有の発明であるスーツが紳士服によく似ているのは偶然ではない。紳士服とシャネル・スーツは共通の理想をもっている。「品格《ディスタンクシオン》」である。「品格」は一九世紀の社会的価値であった。民主化されたばかりの社会では、上流階級と言われる階層の男性が金を見せびらかすことは禁じられていたが――妻にそれを代替させるのはつねにゆるされていたけれども――とにもかくにも、ごく目立たない細部をとおして「自分を格上げし」、卓越することができたのである。シャネル・スタイルは、この歴史的遺産を引き継ぎ、洗練させ、女性化したものである。そもそもこのことによって、シャネル・スタイルは逆説的に歴史を刻印されているのだ。それは歴史上の比較的短い時代（シャネルの幼年期）に相応している。当時は、ごく一部の女性がようやく職業を獲得し、社会的自立を達成して、自分の装いに何らかの男性的な価値を借りてこなければならなかった。その手始めとでもいうべきものが、仕事で画一化された男性の装いに残された唯一の贅沢であるあの「品格」だったのである。シャネルを着た女性、それは暇のある若い娘ではなく、地味だが余裕のある仕事についている女性であり、実用的でありながら品のあるしなやかなスーツは、その余裕をそれとなく見せるのだ。見せるのは仕事の内容ではなく（それは制服ではないから）、その代償となるもの、すなわち裕福な閑暇の形態、クルージングやヨットや寝台車、一言でいえば、ポール・モランやヴァレリー・ラルボーがうたいあげたモダンで貴族的な旅なのだ。こういうわけでシャネル・スタイルは、逆説的だが、あらゆるモードのなかでおそらく最も社会的なスタイルなのである。なぜならそれが闘い、拒絶したものは、よくそう考えられているように若きクチュリエの未来主義的挑発などではなく、プチ・ブルジョワの衣服の品のなさだからである。だからこそ、シャネル・スタイルがもっとも力を発揮しそうなのは、新たな美的上昇の必要に直面した社会――シャネルが訪れる――モスクワなのである。

それにしてもシャネル・スタイルには代償がある。一種の身体の忘却である。身体は、衣服の社会的「品格《ディスタンクシオン》」のうちにそっくり吸収されて、見えなくなっている。シャネルが悪いのではない。彼女のデビュー以降、われわれの社会に何か新しいものが出現したのだ。新しいクチュリエたちは何とかそれを形にし、コード化しようとした。社会学者が予見していなかった、新しい階層が生まれていたのである。それは、若者たちだ。若者にとっては身体が唯一の財産だから、若さは俗物である必要もなければ「品格」をもつ必要もない。若さはただそこにあるだけだ。シャネルの女性を見るがいい。その環境や職業、レジャーや旅行の想像がつく。他方、クレージュの女性を見ても、彼女が何をしているのか、両親はどんな人か、収入は何なのか、疑問さえ浮かんでこない。彼女は必要十分に若い、ただそれだけだ。抽象的であると同時に具体的でもあるクレージュのモードは、ただ一つの機能しかあたえられていないかのようにみえる。それは、衣服を身体全体の明白な記号にすることである。記号は必ずしも見せびらかしである必要はない（彼のモードはいつも無垢である）。ミニスカートは膝を「見せつける」と言われすぎたきらいがある。だが、たぶん事情はもっと複雑である。クレージュのようなクチュリエにとって大切なことは、人の顰蹙を買うようなあの実際のストリップではなく、女性の装いが暗示的な表現をとることなのだ。その表現は、身体を露出するのではなく、ごく身近なものにする。それは、形、色彩、細部のすべての戯れを駆使して、周囲の若い身体とわれわれとの間に新しい関係ができるようにといざなう。まさにこうしたクレージュの技のおかげで、われわれは若い身体と親しい関係を結ぶことができるかもしれないのだ。クレージュのすべてはこの「可能性」にあるのであって、そこに賭けられているのは若い女性の身体である。この可能性は、非常に短いジャケットにもある（何も裸体を見せていないが、わたしたちの観念に大胆な印象を刻みつける）。イブニング用の花柄のシースルーのショートパンツや、下着のように軽いツーピースの新しいダンスパーティ用ドレス、こうした「留め具のない」モード（字義どおりの意味でも比喩的な意味でも）にあっては、身体はいつも身近で、親しみやすく、誘惑的で、気どりがなく、率直なものに見える。

こういうわけで、一方には伝統があり（その内部での刷新がある）、他方には変革がある（しかも暗黙の一貫性がある）。一方にあるのは古典主義（感じやすくても）であり、他方にあるのはモダニズム（親しみやすくても）である。二者の決闘を要請しているのは現代社会であると思わなければならない。というのも現代社会は——少なくともここ数世紀来——芸術のあらゆる分野で、きわめて多様なかたちをとりながら、こうした対決を巻き起こそうとしているからだ。今日この決闘がモードの分野で特に明瞭なかたちをとったのは、モードもまた文学や絵画や音楽と同等の芸術だからである。

それ以上に、シャネルとクレージュの対決はわれわれに以下のことを教えてくれる——少なくとも確認させてくれる。今日、新聞やテレビや映画さえふくめた情報普及の飛躍的発展によって、モードはたんに一部の女性が身につけるものではなく、すべての女性（そして男性）が見たり読んだりするものになっているのだということである。われらがクチュリエたちの新作はまさに映画やレコードと同じく、好感を誘ったり嫌悪感を抱かせたりするのである。人はシャネルのスーツやクレージュのショートパンツに、信念や偏見、感情、抵抗感、要するに自分史のすべてを投影し、おそらく単純すぎる言葉だが、一言でいって好き嫌いといわれるものを投影しているのである。

そしてこのことはおそらく、シャネルとクレージュの対決の一つの見かたをも示唆している（少なくとも読者がシャネルやクレージュを買うつもりがない限りは）。シャネルのスタイルとクレージュのモードは、われわれが読んだり見たりする日々の大いなる文化に移行していて、一つの選択の素材というより、読みかたのちがいとなるような対立を形成しているのだ。シャネルとクレージュというこの二つの名は、二行詩に欠かせない二つの韻のようなものであり、あるいは、二人のヒーローが対決する壮挙のようでもあって、それなくしては美しい物語がつくれないのである。同じ一つの記号——現代の記号——のこの二側面を切り離せないものとして結びつけてとらえるならば、そのときモードは、無駄な選択のわずらわしさをあたえるものではなく、真に詩的なオブジェとなり、二つが一つになって、両義性の深いスペクタクルをみせてくれることだろう。

Marie Claire, 1967/9

訳注

＊1　グランド・マドモアゼルはモンパンシェ公爵夫人（一六二七—九三）の通称。ルイ一三世の弟ガストン・ドルレアンの娘で、莫大な遺産を譲りうけ、国王と結婚しようという野心を抱いたといわれ、男まさりの気性で知られる。フロンドの乱の折には反乱軍に加わって王にむかって大砲を放ったので名高い。

II

6　衣服の歴史と社会学

幾つかの方法論的考察

一九世紀の初めまで、いわゆる服飾史というものは存在していなかった。あるのはただ古代についての考古学的研究や衣服の品質調査だけであった。(1) もともと服飾史というものは本質的にロマン主義的な現象であった。たとえば、芸術家や歴史画家あるいは演劇人などが、作品を創造するのに必要な「地方色《ローカルカラー》」の図像的資料を提供するとか、ある時代や場所の「一般的精神」（民族精神《フォルクスガイスト》、時代精神《ツァイトガイスト》、時代精神《スピリット・オブ・ザ・タイム》、精神的態度、雰囲気、スタイル、等々）に対応する服装の形態を見出そうとしたりしたのである。服飾にたいする学問的探求は一八六〇年頃に現れた。キシュラやドゥメ、アンラール(2)といった古文書学者や碩学の研究で、たいていは中世研究家たちであった。かれらの主要な関心は、服飾を個々の衣服の寄せ集めとして研究することであり、個々の衣服はそれじたいが一種の歴史的事象であったので、何よりその出現の年代と起源の状況を明らかにする必要があった。こうした研究は今日なお支配的である。モードをめぐる商業的神話の発達と結びついて雨後の筍のように繁殖している無数の通俗的歴史を生みだしているからだ。服飾史はここ三十年ほどフランスに立ちあらわれた歴史学の刷新——歴史の経済的・社会的次元や、リュシアン・フェーブル[*1]が定義したような衣服と感性の関係性、マルクス主義歴史学がなしうるような過去のイデオロギー的把握の要請といったもの——の恩恵にいまだ浴していない。実際、服飾についての制度的観点はいまだすっぽりと抜けおちている。衣服がすぐれて歴史的・社会学的対象であるだけに、実に逆説的な欠落というべきだろう。

したがって、現在の服飾史の不完全さは、いわゆる歴史主義的な歴史学そのものの不完全さである。だが衣服の研究は特別な認識論的問題を提起する。ここではただ指示するにとどめるが、たとえば次のような問題である。およそ構造分析には必ずこの問題がつきまとうのだが、服飾を歴史的に把握するとしても、その構造の形成を見失ってはならないということだ。衣服は歴史のどの瞬間をとってみても、規範的形態の均衡であり、それでいてその総体はたえず変化しつづけるものだからである。

服飾史は、こうした問題を解決しようとして混乱した。形態の研究の必要に迫られて、服飾史は差異の目録を作成しようと試みた。あるものは、衣服の体系の内部に含まれる要因をとりあげ（シルエットの変化）、またあるものは、一般的歴史から借りた外的要因（時代、地方、社会階級）をあつかった。分析をとっても総合をとっても、これらの研究成果は総じて不十分である。内的要因にかんしては、いかなる服飾史もいまだ一定の時期における衣服の体系がどのようなものであるのか、その全体を構成している価値論的要素（制約、禁止、許容、逸脱、気まぐれ、適合、排除）を明らかにしようと試みたことがない。われわれが手にしうる原型は純粋にグラフィックなもの、つまり美的次元に属するもの（3）（社会学的次元でなく）でしかない。そのうえ、個々の服そのものについても、綿密な目録であることは確かだが、分析が混乱したままである。一方で、ある服が形態や機能を変える質的敷居がほとんど明らかにされていない。言葉をかえれば、歴史的研究の対象そのものが曖昧なままにとどまっている。ある服はいったいいつ本当に変化するのか、すなわち、いったいいつ、本当の歴史ができるのだろうか（4）？　他方で、身体の水平軸から見た服のポジション（重ねかたの順序）の変遷についての研究はあまりにもずさんで、下着と衣服と上着の織りなす複雑な機能が正当に分析されたことは一度もない（5）。

外的差異は、われわれが親しんできた「歴史」一般に依拠しているので、より堅固なものにみえるかもしれない。だがここでも研究は不十分であって、さきほど指摘した認識論的困難に陥っている。地理については、服飾史は、民間伝承にかんして民俗学者が確立した法則を活用していない。民族学によれば、あらゆる衣服の体系は、地域的か、国際的かのどちらかであって、決して国民的ではないのである（6）。ところが服飾史の地理的表現はあいかわらずモードの貴族的リーダーシップにもとづいており、このリーダーシップの政治的コンテクストが問い返されたことは一度もないのだ。ことに、われわれヨーロッパの服飾にかんするかぎりは。そのうえ、服飾史家はほとんど王家か貴族の服飾しかあつかってこなかった。社会階級は一つのイメージ（領主、貴婦人、等々）に還元されて、イデオロギー的内容をぬきとられたばかりではなく、[7]有閑階級以外の階層では、着る者とその職業の関係が問われたこともなかった。衣服の機能性という問題じたいが黙殺されてしまっているのである。さらに、歴史的に見ても、年代の同定はあまりに狭い範囲でおこなわれてきた。年代特定につきまとう困難性は周知のとおりである。[8]リュシアン・フェーブルは、年代の初めと終わりを特定する代わりに中央を特定しようと提案した。この提案は、ことに服飾史にとって益するところがあるにちがいない。衣服に関するかぎり、モード（広義の）の始めと終わりは幅が広いからである。いずれにしろ、状況証拠を見出して、ある服の起源を特定できるとしても、あるモードの出現とその普及を同一視するのは行き過ぎであろうし、ある衣服の終焉を厳密に規定するのはさらに行き過ぎであろう。ところが、たいていの服飾史家たちはこれをやっているのである。多くは、年代ごとの統治の威光や統治の政治的意味の威光に目を奪われているからだ。ここで「王」は魔法にも似たカリスマ的機能を担わされている。王は本質から「衣服」の「着手」だとみなされているのである。

「服飾史」における差異の記述の主だった欠陥は以上のようなものである。といっても、ここにあるのは、少し視野を広げて「歴史」を見ればすぐに修復できるような欠陥にすぎない。問題はもっと大きい。なぜなら服飾史のかかえる問題は服飾史に固有のものだからである。あらゆる「服飾史」の根本的な過ちは、方法論的な配慮もないまま、外的差異と内的差異の規定を混同していることだ。衣服はつねに、外的な意味内容全般（時代、地方、社会階級）を表す特別なシニフィアンだと暗黙のうちにみなされている。一方、歴史家は、そうと意識しないまま、ある時はシルエットの変化といった意味表現《シニフィアン》の歴史をたどったかと思うと、またある時には統治や国家など、意味内容《シニフィエ》の歴史をたどっている。ところがこれらの歴史があつかっている時間は必ずしも同一の時間ではないのである。まず第一に、モードはそれ固有の時間を生み出すことができるからである。(9) モードを成立させる原型の数は有限であって、結局のところモードの歴史の一部は周期的な繰り返しになるからだ。(10) モードの形態の変化は一般的歴史にたいして相対的な独立性を有しているのである。そのうえ歴史はそもそもからして「多様な速さと多様な遅さからなる社会的時間」（F・ブローデル）であってみれば、衣服のシニフィアンとシニフィエの関係は、いかなる時にあっても単純な一元的関係ではありえない。

アングロ＝サクソン系に多い衣服の「心理学」が、この問題について大した助けにならないことはいうまでもないだろう。それらは、服飾の歴史と社会学をたえず結びつけて考えるという、いちばん大きな方法論的難点をそのままにしている。衣服を身につける動機については、ことに系統発生という面についてはたびたび議論がなされてきたが、たいていは、言語の起源をめぐる不毛な議論を彷彿とさせるたぐいのものだ。なぜ人間は衣服を着るのか？　次の三つの要因が重視されてきた。保護、羞恥、装飾の三つである。(11) なかでも、民族学のおこなった幾つかの観察を盾にして、保護と装飾の関係が問題にされたり（火の大陸*2のように厳しい気候に生きる原住民が、保護でなく装飾を考える）、児童心理学の特質に依拠したりして（子供は着飾ったり変装したりするが、服を着るのではない）、装いという動機がいちばん重要だと考えてきたりした。衣服という用語を保護の事実にあて、装いという用語を装いの事実にあてようとしたほどである。こうした議論はみな「心理学的」幻想の犠牲だといってよいのではないだろうか。かれらは衣服のような一つの社会的事実を、純粋に個人的なレベルで考えられた性向を幾つか寄せ集めて集団の段階にまで「多数化」して定義しようとしているのだ。まさにそれこそ社会学が乗りこえなければならないと思っている問題であるのに。(12)

実際、歴史家であれ社会学者であれ、研究者が関心を払うべきは、保護から装飾への移行（ありもしない移行）などではない。身体を覆うものが、社会によって組織化され、規格化されて、確固とした形式的体系に組みこまれる傾向が問題なのである。雨をよけるため肩に羊毛の毛布をかけた古代ローマの兵士たちは、たんに保護の行動をとったにすぎない。ところが、材質や形態や使用が社会集団によって、美化ではなく、規則化されると（たとえば、二世紀頃のローマ－ガリア社会の奴隷の例）、衣服は体系に近づき、衣服は服飾（フードつきマント）になった。ただし、この移行のうちに美学的な合目的性の痕跡を見出すことはできない。服飾は、製造の諸規則をとおして社会が使用や形態を専有することによってできあがるのであり、[13]功利的ないし装飾的な程度の変化によってできあがるのではない。女性が髪に花をさすという事実は、用途（花嫁の花冠）であれ、箇所（ジプシーは耳に花を差す）であれ、社会集団によって規則化されないかぎり、単純で純粋な装飾行為にとどまる。規則化されると、装いという事実が服飾という事実になるのである。

　これこそが第一の真実であると思われる。ところが、歴史的研究、心理学的研究を問わず、服飾研究は服飾を一つの体系として位置づけたことが一度もなかった。ここで体系というのは、一つ一つの要素はそれじたいとして価値をもたず、集合的規範の総体に照らしあわせてはじめて意味をもつような構造のことである。たしかに、主にグラフィックな面で原型となるようなシルエットや形態や原型がとらえられたことはあった。しかし体系はゲシュタルトとはまったく別物である。そもそも体系は規範的な諸関係によって規定されるのであって、それらの規範的な関係が、着る者の服の取りあわせを正当化したり、義務づけたり、禁止したり、許容したりするのだ。つまりは調整するのである。このとき着る者はその社会性と歴史性において把握されている。以上のことが価値なのである。したがって、衣服が記述されるべきは、明らかに社会的レベルにおいてであって、美的形態や心理的動機にもとづいてではない。制度にもとづいて記述されるべきなのだ。歴史家も社会学者も、趣味や流行や便宜性を研究するだけではたりない。衣服の組み合わせや使用の規則、制約や禁止、許容や特例を調査し、秩序だてて説明しなければならない。かれらは「イメージ」や風俗の特徴ではなくて、もろもろの関係と価値を調査すべきなのだ。それこそ、かれらにとって衣服と歴史のあらゆる関係に先立つ前提条件なのである。究極のところで意味作用の担い手となるのはまさにこれらの規範的諸関係なのだから。服飾は本質的に価値論的事実なのである。

おそらく、これらの研究者が服飾を体系としてあつかうのが困難な理由は、時間のなかでの構造の変転をたどるのが容易ではないからである。諸要素が不均等に変化してゆく均衡の継続的持続をとらえるのは容易ではない。こうした困難性については、少なくとも一つの学問が遭遇し、部分的には解決している。それは言語学である。ソシュール[*3]以来、言語活動が、服飾と同じく体系かつ歴史であり、個人的行為であると同時に集合的制度であることはよく知られているとおりである。言語と服飾は、歴史のどの時点をとってみても、規範と形態の機能的なネットワークによって有機的に組織された完全な構造である。一つの要素の変容やずれが全体の変容をまねき、新しい構造をつくりだしかねない。動きつつある均衡にたえず目を配り、生成の過程にある制度を研究しなければならない。ここで構造主義論争にたちいるつもりはないが、問題の核心が同一であるのを無視することはできない。といって、言語と服飾が同じ解決にゆきつくという意味ではない。少なくとも言えるのは、最近の言語学が服飾の研究にたいして、ここ五十年来練りあげられてきた枠組みと資料と考察のための用語を提供してくれることを期待できるということだ。したがって、服飾研究のソシュール・モデルの方法論的投影を手短に検討せねばならない(14)。

1 ラングとパロール、服飾と服装

周知のとおり、ソシュールにとって、人間の言語《ランガージュ》はラングとパロールの二つの面から研究できる。ラングは個人から独立した社会的制度であって、個人がそこから自分の言葉を汲んでくる規範の貯蔵庫であり、「パロールにおいて、またパロールによってのみ顕在化する潜在的体系」である。パロールは個人的な行為であって、「ランガージュの機能の実際的な表現」である。ランガージュはラングとパロールをふくむ総称である(15)。衣服においても同様な区別をして、個人から独立した本質的に社会的な制度的現実を想定するのは実に有益ではないだろうか。個人はこうした組織的で規範的な貯蔵庫から自分の装いを汲んでくるわけである。ソシュールのラングに相当するこの現実をわれわれは服飾と呼ぶことにしよう。そうして、個人的な現実、個人が服飾の一般的制度を自分のものにする真の「衣服」を着る行為、ソシュールのパロールに相当する第二の現実を服装と呼ぶことにしよう。服飾と服装は一つの総体を形成する。以後、この総体を衣服と呼ぶことにしたい（ソシュールのランガージュにあたる）。

むやみに類比を乱用するのはもちろん控えなければならないが、二つの面の機能的対立にかぎっていえば方法論的有効性をもっているはずである。これは、トルベツコイ[*4]が衣服について垣間見ていたことで、彼は、音声学と音韻論の任務と、衣服の記述の任務とのあいだにある並行関係を明らかにした[16]。服飾／服装の対立は、そもそも社会学的な視点にとってのみ役に立つ。服飾が一つの制度であることをはっきりさせて、この制度を、個々人がいわばこの制度を現実化する具体的行為から区別することによって、服飾の社会的構成要素をとりだして研究することになる。世代、性別、階級、民度、地域などの要素があるわけだ。一方、服装は経験的な事実であって、本質的に現象学的なアプローチに従うことになる。たとえば、着ている衣服の乱れかたや汚れかたは服装の問題であって、この乱れかたや汚れかたが意図的な記号である場合（舞台衣装の場合）以外は、社会学的な価値はない。逆に、特定の社会で既婚女性と若い娘の着ている服の些細なちがいであっても、弁別的指標として服飾の問題になる。高い社会的価値を有する事実なのである。

服装の事実は、着る者が自分の集団の提供する服飾をいかにとりいれるか（あるいはうまくとりいれることができないか）といった個人的様態から成る。これは形態的、心理学的、状況的意味作用をもつが、社会学的な意味作用はもっていない[17]。

服飾という事実が社会学的ないし歴史的研究の本来の対象となる。「衣服の体系」という概念の重要性はすでに指摘したとおりである。(18)

服飾という事実と服装という事実は時に一致する場合もありうるが、その都度、区別をつけるのは難しくない。たとえば肩幅が着る者の体格にぴったりあっている場合は服装にかかわる事実である。だが肩幅の広さがモードの名において集団によって規定されている場合には、服飾の事実になる。いうまでもなく、服装と服飾のあいだには、ラングとパロールについて明らかになったようなたえざる往来があり、弁証法的な交換があって、まさにプラクシスにほかならないものが存在している。(19)

社会学者にとってもっとも重要なのは、もちろん服装から服飾への移行である。この移行は、服装の事実の数量的拡大によって把握できる（この拡大が適用現象だと決定できる場合にかぎってだが）、あるいはまた、衣服のメーカーや製造組合の技術的発案において も同じことが把握できる。たとえば、袖をとおさずにコートを両肩にかけることは、次の場合に服飾の問題に移行する。①ある共同体がそれをメンバーのマークにした場合（キリスト教団の修道士たち）。②メーカーが既製のコートの内側に腕を通せる輪をとりつけた製品を開発して、コートを固定するための袖をとおす必要がなくなる場合（イギリス型）。注意をしなければならないのは、もともと服飾であった服装が崩れてきたとき、その崩れかたが集団によって記号とされ、価値として機能するようになった瞬間から、その服装が新たに二次的な服飾の事実に変わる可能性があることである。たとえば、ある服飾はもともとシャツのボタンをすべてかけるものであったのに、第二ボタンまではかけないようにする着かたになったとする。この着崩しかたは、ある一定の集団によって規範としてとりいれられるようになると、それじたいがもういちど服飾の事実になる（ダンディズム）。

　モードはつねに服飾の事実である。ただし、その起源は以下のような二つの動きに始まることもある。あるときには、モードは専門家によって人工的に洗練された服飾現象であったり（たとえばオートクチュール）、またあるときは、たんなる服装の事実がさまざまな理由により集団的レベルで複製されて普及したりすることもある。[20] 現代では、第一のプロセス（服飾の事実の服装の事実への分散）は女性のモードによくみうけられるが、第二のプロセス（服装の事実の服飾の事実への拡張）は、衣服の細部について見るかぎり、主に男性のモードにみうけられる（モードのブランメル[*5]化とでも呼ぶことができようか）。

　この二つのケースは念入りに研究せねばならない。ただ今すぐにでもわかることは、服装と服飾の関係は意味論的な関係であるということだ。服装から服飾へと移行するにつれて、衣服の意味作用は増大する。服装はほとんど意味するところがなく、意味を告知するというよりむしろ意味を表示する。服飾は逆に意味するところが大きく、着る者とその属する集団のあいだに、知的で告知的な関係をうみだす。

2 通時態と共時態

服飾には共時的ないし体系的な面と通時的ないし過程的な面があって、二つを区別する必要があることはすでに指摘したとおりである。ここでもまた、ラングの場合と同じように、肝要なのは体系と過程の関係を真に弁証法的にとらえることにある。チャールズ・ダーウィンの甥にあたるジョージ・H・ダーウィンが生物学的な進化と衣服の進化の照応関係を明らかにして、個々の服は個体にあたり、体系（あらゆるタイプの衣服《ガーメント》）は種にあたるとした時、このことを直感していたのだ[21]。実際、内的基準に照らして体系が定義できないかぎり問題は解決できないのだが、服飾史家はまだこの定義づけができないのである。言語学の方は、共時態と通時態の関係を明らかにしつつあるがまだ解明にはいたっていない。ということは、いまだかたちをなしていない服飾の科学は基本データにアクセスすることさえできていないということなのだ。構造的かつ歴史的な最終的解明の努力が必要だが、今の段階で、言語学の実験に範をとって、少なくとも二つの方法論的な注意事項を提案できるだろう。まず第一に、体系の概念を柔軟にとらえること。構造という語は厳密な均衡と考えるより傾向と考える方がよい。服飾はラングにくらべて、歴史的環境とはるかに緊密な関係を結んでいる。激烈な歴史的事件（戦争、大移動、革命）は一瞬で体系を崩壊させるおそれがある。その一方で、ラングとは逆に、体系の復元もまたはるかに早いが。

次に、衣服の形態の生成について、外的決定論をもちこむ愚をさけること。そのまえにすべての内的要因を調査すべきなのだ。それらの要因は体系のさなかで少なくとも体系進化の一部を準備しているのだから。[22]

3　シニフィアンとシニフィエ

ソシュールは、周知のとおり、記号学という名のもとに意味作用の科学をうちたてた。言語学の意味論はその一部にすぎないといえよう。衣服が——身体の保護にも装飾にも還元できない——特権的な記号学の一領域であることには異論の余地がない。こうした衣服の意味表現機能によってこそ、衣服はまったき社会的現象となっているのである。M・I・メイエルソンの記号についての考察[23]をもとにして、衣服の指標的事実と意味表現的（ないし告知的）事実を区別してみよう。

a　指標的事実　指標はいかなる行動的意図ともかかわりなく発生する。多くの歴史家が明らかにした服飾と時代の「精神」との関係は、もしそれが真に科学的な力を有しているなら指標としてあつかえるかもしれないが、今はまだそこまで至っていない。何人かのアングロ＝サクソン系の研究者の仕事にはもっと優れた指標的事実がうかがわれるが、そこでは衣服が内面性の指標としてあつかわれている。これらの研究は二つの方向でおこなわれている。一つは、いわゆる（アメリカの）心理学的方向で、選択と動機の心理学である。アンケートや実験まで駆使して、衣服を選択する動機のヒエラルキーを明らかにしようとつとめている。[24]だが実のところここでは当の心理学じたいが心理的ないし社会的な全体性とのかかわりを考察にいれていないので、限定された指標しかあつかわれていない。服飾の心理学の第二の方向は、語の広い意味での精神分析的なものである。精神分析的な解釈が文化的対象からひきだしうるものは誰にでも想像がつく。その性的含意はいかにもありそうなものだし、その形式も容易にシンボル解読に向いていそうである。こうした分析の試みは、精神分析にたいする全体的評価ぬきには評価しがたいが、それはわれわれの意図するところではない。ただ、精神分析の原理はおいておくとして、この手の分析は、体系の象徴作用に関するものよりはパーソナリティの表現（フリューゲルの分類による自己表現、自己体現）と呼びうるものを記述する場合の方が実り多いように思われる。[25][26]ただし、いわゆる象徴作用と人格表現の「短絡」は疑わしい。むしろ精神分析の説明で面白いのは、方法論的観点からみて、そこでは指標の概念が曖昧であることだ。衣服の形態は真に一つの指標であって、意図とは関係なく生みだされるのだろうか。精神分析の見かたによれば、集団でも個人でも、服飾の（無意識的）選択が必ずある。ここで衣服はつねに読み手（集団、超自我、あるいは分析医）の側から解読可能な対象になっているのである。衣服は、精神分析者にとっては指標である以上に意味作用なのだ。ちょうど昇華という概念が、合理化のプロセスを精神分析学的に言い換えたものにすぎないように、検閲という概念は、社会的心理学における抑制の概念を準備した。精神分析の言う同等性は、指標であるよりむしろ表現の事実なのである。

b 意味作用の事実あるいは告知の事実

指標の事実告知の事実の関係は曖昧で、どちらつかずの境界が大いにありうる。ある何かの告知の事実は何かの指標の事実から来たものかもしれないのだ。男性のスポーツウェア（イギリス起源）は当初はたんなる身体の自由の指標にすぎなかった。その後、その機能からはずれて、服飾（ツイードのベスト付きスーツ）となり、それ以後、必要性というよりは慣用を意味し、告知することになったのである。一般に、衣服の意味作用という現象についての研究は、共時的体系としての服飾を分析する際の注意深さに大きく依存している。なぜなら、実際のところ告知の現象はつねに価値的に定義でき、また定義されなければならないからだ。体系そのものは一つの形態にすぎず、それじたいでは何も意味しない。超社会学的考察（歴史哲学や精神分析）を援用してはじめてそれは何かを意味するのである。意味をもちうるのは、体系への同化の程度（全面的従属、距離、逸脱）である。体系の価値（すなわちその有効性）は、体系の是認か体系への反抗かのいずれかによってでしか把握できない。

実際、衣服は、唯一の主要なシニフィエであるモード、あるいは着る者（個人ないし集団）の同化の程度を表すシニフィアンでしかない。いうまでもなく、この一般的シニフィエは幾つかの概念や、二次的シニフィエとなって具体化するが、これらの概念ないしシニフィエは、集団の大小や形式のありかたに応じて変化する。しかじかの服飾は、たとえば威厳や若さ、知性、服喪といった心理学的ないし社会－心理学的な外見の概念を告知することがありうるのである。けれどもこうした媒介をとおしてここで告知されるものは、本質的に着る者が属している社会にどれほど参与しているのか、その程度にほかならない。激しい歴史的転変がモードのリズムを攪乱し、新しい体系をもたらすこともある。それらは参加の体制を変えはするが、決して新しい形態を説明するものではない。かつて喪の服飾は白だったかもしれないが、それが今日は黒なのだ。色彩の象徴体系が歴史的重要性をもつこともあるだろう。だが社会的事実とは、喪服の色ではなく、それを前提とした社会への参加のありかたなのである。ここでわれわれはふたたび構造主義による音声学と音韻論の差異と出会うことになる。歴史は喪服の色の変遷にかかわるが、社会学は、音韻論同様、本質的に対立する価値を、しかも社会的意味のある価値をあつかう[27]。衣服は、語の十全な意味において、一つの「社会的モデル」なのであり、期待される集合的行動の多少とも規範化されたイメージなのである。衣服が有意味であるのは、本質的にこのレベルにおいてなのだ。

さらに、衣服のシニフィエの概念はきわめて柔軟に研究されなければならない。M・メイエルソンが強調したとおり、それは極限値なのだ。現実にあっては、人は「意味するものの複合体」の価値にかかわっており、何が有意的でありうるかは実に自由でありうる。ある服飾の事実はそれじたいでは「有意的でない」ように見えるかもしれない。そのときには、いつにもまして、これまでの研究対象の社会的、総体的な機能、ことに歴史にたちもどる必要がある。なぜなら衣服の価値(形態、色彩、ラインの処理など)の提示のありかたは、体系の内在的歴史に大きく依存しているからだ。形態も自由な副次的テーマの場合には一般的歴史の後を追う可能性も大いにある。ある形態はただの「製品」であり、内的進歩の成果であって、「記号」とはまったく無関係なものかもしれない。歴史の恣意性というものがあるのであって、衣服のある種の意味の欠如、構造主義者なら、衣服の記号の「零度」というものがありうるのである。

最後に、服飾史は認識論一般にかかわる価値があることをどれほど強調してもいいと思う。実際、文化は体系かつ過程であり、制度かつ個人的行為であり、表現のストックでもあれば、シニフィアンの秩序でもあって、服飾史の研究者にあらゆる文化的分析の本質的問題を提起するからだ。この意味で、明らかに服飾史はそれをとりまく他の人間諸学ばかりでなく、社会科学全体の認識論的発展段階にも依拠している。歴史学とともに生まれ、歴史学の発展を遅れがちに追いかけ、同じ困難性を前にしているのだ。ただ、歴史学とのちがいは、あらゆる文化研究のなかで服飾史はもっともなおざりにされ、逸話的な通俗研究の手にまかされてきたということだ。服飾史は、服飾史なりのありかたで、あらゆる文化の科学につきまとう矛盾を提示している。あらゆる文化現象は歴史の産物でありながら歴史に抵抗するのだから。たとえば衣服は、どんな瞬間も一つのプロセスの均衡を表しており、自然の決定論によって生産されかつ廃棄されるものであって、その機能も大きさもまちまちだ。体系の内部にある決定論もあれば、体系の外にある決定論もある。服飾の研究はつねにこうした決定の多元性を保持していなければならない。方法論についてまず注意すべきことは、ここでもまた上部構造（衣服）と下部構造（歴史）のあいだの直接的関連を性急に求めないことである。現在の認識論は、歴史-社会の全体性をさまざまな媒介と機能の総体として研究する必要をますます強く求めている。われわれは、衣服にとっても（ラングにとってそうであるのと同様）、こうした媒介と機能は価値論的なのだと考えている。それらは価値なのであり、社会のそれじたいにたいする創造力をあかしているのである。

Annales, n^{0} 3, 1957/7–9

原注

（1）これらの（世紀別）研究のリストは次のとおり。

R. Colas, *Bibliographie général du costume et de la mode*, Paris, Librairie Colas, 1932–1933, 2 vol. in - 4⁰（t.II, p. 1412, *sq.*）; C. Enlart, *Manuel d'archéologie française*, Paris, Picard, 1916, in - 8⁰（t.III, p.XXI）

（2）J. Quicherat, *Histoire du costume en France*, Paris, Hachette, 1875, III–680p. ; Enlart, *op. cit.* ; G. Demay, *Le Costume au Moyen Age, d'après les sceaux*, Paris, Dumoulin et Cie, 1880, in - 4⁰, 496p.

（3）最良のデッサンは――というのもこれは図式だとはっきり断っているからだが――次の文献の最終部にあるデッサンである。N. Truman, *Historic Costuming*, Londres, Pitman, 1936, XI–156p.

（4）言語の歴史はここではあまり助けにならない。服は名を変えても機能を変えない場合もあり、名を変えないまま機能を変えることもあるからだ。そのうえ衣服の語彙論はいまだ実に断片的なものにとどまっている。（以下を参照。A. J. Greimas, *La Mode en 1830...*, thèse dactylographiée, 1948. ; E. R. Lundquist, *La Mode et son vocabulaire*, Göteborg, 1950, 190p.）

（5）すべての服の移り変わりを調査したものがあればよいのだが。そうすればおそらくそこから、服を内側から外側に押しやるような一つの法則が抽出できるだろうから。これまでこの点を研究したのは精神分析者だけである。

（6）A. Varagnac, *Définition du folklore*, Paris, Société d'éditions géographiques, maritimes et coloniales, 1938, VIII–66 p.（p. 21）

（7）一五世紀における衣服にかかわる詐欺の出現は、社会的「外見」の機能のイデオロギー的転換と有機的に結びつけて考えないかぎり理解できない。キシュラ自身もこの事件を資本主義の生誕と関連づけるのをためらっていない（*op. cit.*, p.330）。だがこの種の考察はきわめて稀である。

（8） Lucien Febvre, 《Le problème des divisions en histoire》, in *Bulletin du Centre international de synthèse historique*, n^{0}2, déc., 1926, p. 10 *sq.*

（9） モードのリズムの深い規則性については、次を参照。J. Richardson et A. L. Kroeber, *Three Centuries of Women's Fashions, a Quantitative Analysis*, University of California Press, 1940, in-4^{0}.

（10） ある種の形態が数世紀のへだたりで回帰してくる現象ゆえに、衣装を一種の普遍人類学の視点で考察しなおそうとした研究者もいる。この点については次を参照。R. Broby-Johansen, *Kropp och Kläder*, Copenhague, 1953, 247p. ; B. Rudofsky, *Are Clothes Modern?* Chicago, Paul Theobald, 1947, 241p.

（11） この問題については、特に次を参照。Flügel, *The Psychology of Clothes*, Londres, Hogarth Press, 1950, 257p. ch. 1 ; H. et M. Hiler, *Bibliography of Costume*, New York, H. W. Wilson C^{0}, 1939, 4^{0} édit., preface. 羞恥のテーマについては、引用文献のほかに次がある。P. Binder, *Muffs and Morals*, Londres, G. G. Harrap, 1953, 256p. ; E. Peterson, *Pour une théologie du vêtememt*, Lyon, Ed. de l'Abeille, 1943, 23p.

（12） G. Gurvitch, *La Vocation actuelle de la sociologie*, Paris, PUF, 1950, ch.1.

（13） 製造が規制化されればされるほど、衣服の体系が強くなるのは明らかである。このテーマについては、フリードマンのベストと上着の製造工場の観察を参照のこと。G. Friedman, in *Le Travail en miettes*, Paris, Gallimard, 1956（p. 29 *sq.*）

（14） Saussure, *Cours de linguisteque générale*, Paris, Payot, 1949, 4e éd., 331p.［ソシュール『一般言語学講義』岩波書店、一九七二年］。ソシュールのエピゴーネンであって彼より狭いプラハ学派の定式ではなく、ソシュールの定式をとりあげたい。彼の定式はより歴史的で、デュルケームにずっと近い。ソシュール学説を他の学問に転用することにかんしては、一般的認識論の公理にたつソシュール学説そのものが認めるものである。

(15) S. Ulmann, *Précis de sémantique française*, Paris, PUF, 1952, 334p. (p. 16)

(16) N. S. Troubetskoy, *Principes de phonologie*. trad. J. Cantineau, Paris, Klincksieck, 1949, XXXIV-396p. [トゥルベツコイ『音韻論の原理』岩波書店、一九八〇年]

(17) 作業仮説として、われわれは着衣の事実を以下のように分類したい。①着る者の体格に合わせた、衣服の個人的次元。②着古しかた、着崩しかた、汚しかたといった個々人の個性の度合い。③部分的欠落、服をもっていない場合。④使わないパーツ（ボタンをかけない、袖を通さない、等々）。⑤形式化していない、純粋な保持（衣服のストック）。⑥色の選択（喪、結婚、ユニフォーム、タータンチェックなど、儀式化された色彩を除く）。⑦ある服を状況に応じてちがったふうに着る。⑧着る者に独特な、型破りな着かた。⑨衣装の事実にかんするノーマルでない違反。

(18) この体系は以下のように詳述できる。

1 服

①形式化、または儀礼化された形態、材質、ないし色彩。②ある決まった状況での使用。③決まり切った身ぶり。④所持形態。⑤付属的要素の配置（ポケットやボタンなど）。

2 体系または一式

①外見の総体（身なり）。②一体化した使用や一体化した意味をもつ部分体系。③不適切な服。④対の服。⑤内と外の見せかたの戯れ。⑥意味を目的として、ある集団の使用のために人工的に再構築された衣装の事実（演劇や映画の衣装）。

(19) この点については、次を参照。A. J. Greimas, 《L'actualité du saussurisme》, in *Le Français moderne*, juillet 1956, p.202.

(20)「モデル」や「カバーガール」は、着衣の事実と衣装の事実のもっとも緊密な結合を表している。コレクションの衣服には、着衣（着る者の次元）の痕跡がある。だがこの痕跡は微かなものだ。というのも、ここで着衣の目的は衣装を提示することにあるからである。
(21) Sir George H. Darwin,《Development in Dress》, *Macmillan's Magazine*, sept. 1872.
(22) これはオドリクールとジュイアンが音声学のなかでやろうとした試みである。(Haudricourt et Juilland, *Essai pour une histoire structurale du phonétisme français*, Paris, Klincksieck, 1949)
(23) M. I. Meyerson, *Les Fonctions psychologiques et les œuvres*, J. Vrin, 1948, ch. II.
(24) 衣服の動機の心理学の問いと答えについては（もう古いのは確かだが）、次に文献一覧がある。E. Young Barr, *A Psychological Analysis of Fashion Motivation*, New York, 1954, 101p.
(25) フリューゲルは、着る者の心理によって九種類の衣服を分けている。①反抗型。②あきらめ型。③非情緒型。④気取り型。⑤義務型。⑥保護型。⑦サポート型。⑧衝撃型。⑨自己満足型（*op. cit.*, p.96 *sq*）。
(26) 自我の拡大とファロスのシンボルとしての糊づけの分析に、こうした精神分析的解釈の二つのタイプが見うけられる（Flügel, *op. cit.*, p.17）。精神分析学の見かた以外では、西洋の衣服は決してシンボルを表さない（その珍しい例の一つが、中世の二分割であろう。これは精神分裂のシンボルである）。衣服は、象徴ではなく、全面的に記号の秩序にもとづいており、それゆえシニフィエとシニフィアンのあいだにはいかなる関係もないのである。
(27) 衣服の記号作用が、生活水準の指標として、着る者の地位と緊密に結びついていることはいうまでもない。

訳注

＊1　リュシアン・フェーブル（一八七八―一九五六）　フランスの歴史家。それまで政治・外交史に偏っていた歴史学を批判し、経済や統計をとりいれた学際的資料にもとづくテーマ史を重視し、人間中心の歴史学を説いて歴史学を刷新した。マルク・ブロックとならんでアナール学派の創始者とされる。

＊2　火の大陸（ティエラ・デル・フエゴ）は南アメリカの最南端に位置する諸島、チリとアルゼンチンにまたがる。

＊3　フェルディナン・ド・ソシュール（一八五七―一九一三）　スイスの言語学者。現代言語論の創始者。後論にみるラングとパロール、ランガージュ、シーニュ、シニフィアン、シニフィエなど、記号学の基礎概念はすべてソシュールに発している。言語を「記号の体系」としてとらえたソシュールの言語学は構造主義に大きな影響をあたえた。

＊4　ニコライ・セルゲエヴィチ・トルベツコイ（一八九〇―一九三八）　ロシアの言語学者。主著『音韻論の原理』により、音韻論の基礎を築く。

＊5　ジョージ・ブライアン・ブランメル（一七七八―一八四〇）　ジョージ四世時代のイギリスで稀代の洒落者として一世を風靡したダンディ。ネクタイ（襟飾り）を結ぶのに数時間を要したなど、数々の伝説を残している。

7　言語と衣服

フリューゲル『衣服の心理学』（ロンドン、ホガース・プレス刊）
キーナー『衣服、モード、人間』（ミュンヘン）
ハッセン『服飾の歴史』（デンマーク語からの仏訳、J・ピュイサン訳、フラマリオン刊）
トルーマン『歴史的服飾』（ロンドン、サー・アイザック・ピットマン・アンド・サンズ刊）

一見、人間の衣服は、探求や考察の主題として実に素晴らしい。研究をすすめれば、歴史学から経済学、民俗学、工学にまでかかわり、さらには、すぐ後でふれる理由によっておそらく言語学にもかかわるようになるだろう。衣服というのはそれほど申し分ない主題なのである。そればかりか、衣服は人間の外見という対象そのものからして、このところわれわれが社会心理学的に抱いている優れて現代的な好奇心をかきたてる。それは、個人と社会というあの時代遅れな枠組みを超えるようにといざなうのだ。衣服が面白いのは、それが人間のもっとも深いところに参与し、しかももっとも広い社会性に関与しているようにみえるからである。精神分析学やマルクス主義や構造主義といった最先端の社会認識に培われた研究者ならば必ず興味を抱かずにはおれないのではないかと思う。それというのも衣服というものが一見平凡なものだからだ。自明に見えるものを考察の対象にすることこそ有益な仕事だとみなすのが今日の先端的な研究の特徴になっている。衣服の通俗性はまさにそうした研究の興味をひくはずなのだ。

これほど理想的なテーマを前にしながら、実際の研究成果は大したものではない。文献にかんしていえば、数は多いが、秩序がなくて散漫である。[1] 衣服は期待はずれなテーマなのだ。総合的な認識論にかかわりそうになると、衣服はすっと逃がれ去ってしまう。あるときはピトレスクなスペクタクルを展開してみたり（俗っぽい幾多の服飾誌）、またあるときは衣服の心理学的価値の考察だったりするが、真の社会学的対象になったことはまだ一度もない。これまでの衣服をめぐる考察の最良のものもまだ偶発的なものにとどまっている。最良の考察は作家たちや哲学者たちの残した考察である。[2] おそらくその理由は、かれらだけが軽薄さを蔑視する神話をまぬがれているからだろう。けれども、かれらのアフォリスムをのぞいて社会学的な記述にたちいってみると、衣服の定義そのものに方法論的難点がある。これまでの研究史を手短かにふりかえりながら、その困難を詳述してみたい。

この研究史は比較的最近のものである。たしかに衣服にかんする著作はルネッサンスの昔からあった。考古学的な発想にたった研究とか（たとえば古代の衣装についての研究）、身分に応じた衣服の調査などである。これらの調査はまさに用語集ともいえるもので、衣服の体系をさまざまな人類学的状態（性別、年齢、婚姻関係）や、社会的身分の差異（ブルジョワ、貴族、農民、等々）と細かく照合させている。だがいうまでもなく、この種の衣服の用語集は、強固なヒエラルキーがある社会があってはじめてできあがるもので、そこではモードが正真正銘の社会儀礼にあずかっている。[3] このテーマについて意義深い一著をあげておこう。こうした用語集を思い描くとき極限的なものともいうべき姿を呈しているからである。ラルメッサンの『グロテスクな衣装』（一七世紀）がそれだ。ラルメッサンは一つの職業につき一つの服をつくりあげた。その服はその仕事に使う道具そのものを夢幻的なやりかたで組み合わせたのち、それをある一般的なラインにそわせ、意味のゲシュタルトともいうべきものに合わせて調整したものなのである（その手法はどこかアルチンボルドを思わせないでもない）。それは一種のきちがいじみた汎象徴主義であり、詩的かつ知的な創造であって、そこでは職業がその想像的な本質においてとらえられている。たとえば、菓子職人は台型、薬屋は蛇のような型、花火職人は矢型、陶工は丸くてくね曲がった型といった具合だ。この夢想のなかでは結局衣服が完全に人間を吸収してしまう。労働者は解剖学的にその道具に似せられているので、ここに詩的に描かれているのは、ゆきつくところ人間の疎外である。ラルメッサンの労働者たちは、ロボットという語がまだなかった時代のロボットなのだ。

服飾史が本当の意味で始まるのはロマン主義からであり、それも演劇人においてである。

役者たちがその当時の衣装をつけて役を演じたがったので、画家も素描家も、さまざまな外見（衣服、舞台装置、家具、ならびにアクセサリー）、要するに服飾と呼ばれるものの歴史的真実を体系的に研究しはじめたからである。[4] かれらが再現しようとしたものはしたがって、もっぱら役割であった。探し求められた現実は純粋に演劇的なものだったのだ。神話（王、王妃、王侯貴族）が公然と再現された。こうしたやりかたの結果として残ったのは、まず第一に、選りすぐりの衣服しか把握されなかったということである。つまり衣服は、ロマン主義的演劇の観点から選別された、歴たる血筋の属性なのだ。まるで庶民は一度も服を着たことがないとでもいわんばかりに。第二の結果は——おそらくこちらの方が方法論的観点からは重大だと思われるが——、画家の注意が人目をひくものにむかって原理的なものにむかわず、付随的なものにむかって体系にむかわなかったということである。おそらく、逆説的だが、デッサンの容易さによって服飾史は多大な害を受けた。というのも、思いつきでさっと描かれた図像は、一切の思弁的な努力を遠ざけてしまうからだ。基礎のあやふやな一般的特質がそのまま活用されてしまったのである。以上のような理由から、わたしが方法論的にいちばん正確なイラストだと思うのは、たとえばN・トルーマンの『歴史的服飾』のそれのように、公然と図式化されたイラスト、つまり一定の時代の衣服のシステムの原則的な状況、いわば抽象的な状況に到達することを意図したイラストである。

劇場の絵画を描く画家たちのほかにも、一九世紀前半には衣服に関するけっこう面白い読み物がそろっていた。『生理学』ものである。[5] よく知られているように、「役人」から「タバコ屋の店員」にいたるまで、今日なら日常生活と呼ばれるものについてあれこれとさまざまなテーマを設け、たいていふざけた調子で書かれたこれらの短文集は大ヒットした。衣服についても少なからぬ数の『生理学』がある（コルセット、ネクタイ、シャツ、手袋、帽子）。これらの読み物が興味深いのは、ことに社会学にかかわっている点だ。フランス革命が火をつけた男性の服装の画一化と民主化、クエーカー教徒の服装の簡素さを範とする志向は、大々的な衣服の価値の再検討を招来した。衣服は一見したところでは格が下がってしまったので、社会的な差異は、一つの新しい価値、まさに差異という価値によってしか表せなくなったのである。まさにこの差異を描く役割をはたしたのが『生理学』なのであり、もともとこれはダンディ向けに書かれたのである。いまや差のつかなくなった衣服をいかに着こなすか、それによってブルジョワやプロレタリアから区別される着こなしを貴族に教えること。こうした『生理学』の作者の一人が言うとおり、いまやネクタイが剣にとって代わったのだ。これらの小冊子のすべてに衣服の価値論の草案ともいえるものがある。

一九世紀後半になると、ロマン主義的なものの見かたにかわって、考古学的研究が現れる。服飾は学者[6]（多くは中世学者）によって、一つ一つ、歴史の伝統的な枠組み（治世による時代区分）を借りた年代記のかたちで記述された。ここでは、研究が重要なものになってくるにつれて方法論の欠如があらわになる。これらの歴史家たちが綿密につくりあげたのは服飾の歴史であって、体系の歴史ではないのだ。かれらの仕事をとおして、われわれは、ある服飾アイテムの出現を一年単位で知ることができる——だがその消滅についでは知るところがずっと少ない。というのも、刷新にかかわる現象は消滅のプロセスよりも必ず目立つからである。われわれは、多くのケースでどのような偶然からモードが生まれたのかさえわかっている。だが、さまざまな構造のプロセスになると、よくわからない。なぜなら、衣服の構造は、状況に応じてそのなかの幾つかが変化してゆくような、そんな服の集計ではないからだ。ここでもまた他の場合と同様に、一つの構造は、ある合法性（許されているものとそうでないもの）と、この合法性の作用の仕方そのものから成っている。歴史主義は衣服の真の体系記述を助けはしなかったのだ。歴史主義にとって衣服は一つの事実にすぎず、問題はその年代を決定することだからである。その結果あらわれたのは、推奨すべき衣装一式ではなく、存在しうる服のコレクションのような歴史的衣装である。要するに、事実は調べたものの、その価値は手つかずのままなのだ。くわえて、歴史の時代区分という[7]あの名高い不確定要素がからんで、問題はいっそう複雑になる。ある場合には、あたかも王だけが衣服を着る唯一の人物であり、問題は衣服の儀礼的創始者であるかのように、諸々の治世が記述の対象になる。だがそれは衣服のシステムじたいに混乱を招きいれることだ。というのも、あるシステムの時間的単位は、必ずしも政治史の時間的単位とは一致しないからである。ときには、総体的な形態がどこまで続き、どこで変化したかが記述されている場合もある。だが歴史主義は構造主義的な見かたを知らないので、その見かたを犠牲にすることによってしか、そうした記述は可能ではない。そこに、解決できない困難がある。けれど本当のことを言えば、歴史家たちを非難するいわれなどないのだ。隣接科学の言語学にあっても、何世代にもわたる学者たちの奮闘は輝かしくはあれ、共時態と通時態というやっかいな問題にようやく着手したばかりなのだから。(8)

ところが、一九世紀の末から、歴史の俗流化というかたちで、何冊かのイラスト本が、衣服の形態をその外の現実と関連づけようとしはじめる。要するに、衣装の超越性をかかげようとするのである。このような関連づけは、一つの形態と別の何かの形態とのあいだに一種の等価性を想定している(9)(たとえば、衣服のスタイルと建築や家具のスタイルといった二つの「スタイル」)、あるいはまた、時代精神のかたちや、時代の道徳的性格、文明の領域と衣服の形態との等価性。本当のことをいえば、これらの試みのどれ一つとして同義反復の域をこえていない。ある衣服について恣意的に一つの「スタイル」を想定し、そのスタイルをこれまた恣意的な何かのスタイルと関連づけて、最後に二つの類似性に感心するといった具合なのだから。しかしながら、周知のように、一つの形態はそれじたいでは何も意味しない（フロイトのしたようにある普遍的シンボルに訴える場合はのぞいて）。ほかでもない、形態の数は限定されているが、意味の数は無限だからである。およそ形態の根本にかかわるところでは、実体ではなく機能だけが意味をになうことができる。したがって、衣服の体系のうちに、純粋に歴史的な事実、一回的な事実をみることも、純粋に人類学的な永遠の事実をみることも、どちらもありそうもないことだ。これまでの服飾史には二つの公理が存在していた。ある著者たちは、さまざまなスタイルの歴史的年代をつきとめるのに力を入れ、別の著者たちは、これも同じような力の入れかたで、衣服のヴァリエーションを、人間の歴史がうむことなく繰り返してきた幾つかのシンプルな形態に還元しようとがんばってきた。ある者たちにとっては、ヘニン帽[*1]は不可避的にゴシックの尖塔を表し、またある者たちにとっては、服飾史において意義深い事実は、すでにポンペイの壁画の上に、ごく最近のビキニを見ることができる事実だといった按配なのだ[10]。

　こうした仮説をとおしてしだいに姿を現してくるもの、それが衣服の真の記号学である。衣服を何かと関連づけねばならない。だが、何と？ そして、どのように？ 歴史の時代を継いだのは、おおまかに言って、心理学の時代だった。参照項になるもの、もはやそれは時代精神でもスタイルでもない。それは衣服を着る者の心理「プシュケ」なのである。衣服は心理的な深さを表現するものとみなされる。ここでは二つの方向がある。まず第一のグループだが、その研究はすでに古く、意図も慎ましい。というのもその内容はアメリカの幾つかの大学で実施された学生たちへのアンケートだからである。これらの研究はすべて動機づけの心理学に由来している。衣服の購入を思いたった個人的動機を明らかにして分類するわけだ。こうした研究があげているものは、衣料品業界が定期的におこなうマーケット・リサーチとたいしてちがわない。すなわち、広告、店の近さ、友達の「口コミ」、ショーウインドーの魅力、等々がはたす役割や、購入する品に求めている品質の序列（丈夫さ、趣味のよさ、モードとの一致、着心地、等々）などの研究である。おわかりのように、心理学と呼べるほどのものではなく、よく言って初級心理学であって、現象学的な記述や精神分析学的な記述などありうべくもない。このような心理学の中心概念は自己表現である。まるで衣服の根本的機能は、威嚇的な集団を前にして自己を増強することだと言わんばかりに。こうした解釈には、もしかしたらアメリカ固有の傾向があるのかもしれない。[11]

　衣服の心理学の第二の方向は、精神分析学にかかわるものである。この点については、精神分析学よりむしろゲシュタルト心理学に想を得てはいるものの、何よりまずキーナーの近著をあげておきたい。キーナーは、衣服を一種の人体の精神ともいうべきものに関連づけている。あたかも、人体の解剖学的形態が、継続と距離の連鎖をとおし、歴史によってその意味を変えつつ、衣服の基礎を創造したとでもいうかのように。しかしながら、服装倒錯を専門とする精神病理学研究をのぞけば、衣服の精神分析についての古典的著作はフリューゲルのそれである。それが古典である理由は、何よりまず、分析の繊細さにもまして情報量の多さにある。これはいささか折衷的な著作ではある。「心理学的」な枠組みのなかで伝統的な分析概念（羞恥、保護、装飾などの動機）を使用しているし、提示される象徴体系もおおざっぱで、狭いアナロジーにとどまっている（たとえば布の糊づけがファロスの象徴とされている）。こうした限界にもかかわらず、フリューゲルの著書にはおそらく二つの興味深い仮説の萌芽がみうけられると言っていい。第一の仮説は、衣服が裸体への恐怖と欲望の妥協の産物だというものである。この点で衣服は、誇示でもあれば同時に仮面であるような神経症のプロセスそのものにあずかっているわけだ。おそらくここに、着る者から集団へ、集団から着る者へと無限往還をくりかえす、衣服の弁証法的性格にたいする直感がありそうである。フリューゲルにあって興味深い第二の仮説、それは、精神分析における検閲は要するに社会的監視という社会学的概念に相当するというものである。言葉をかえれば、衣服は指標（ないし兆候）というより、むしろコミュニケーションだといっていい。こうして服飾史をひととおり簡単に見てきたわけだが、ここまできてようやくわれわれは、衣服を意味作用という観点から問うところにたどりついたわけである。着想も質の高さもまちまちだが、衣服を何かにたいする価値のようなものと感じとっている文献はすでに数多く、豊富な文献がそろっている。もっとも、衣服に言語学的性格があると初めて公然と主張したのは、構造主義者トルベツコイである。『音韻論の原理』の補論において、[12]トルベツコイはラングとパロールというソシュールによる区別が衣服に適用されうることを示唆している。ラングと同様に、服飾というものも、制度的、抽象的なシステム、機能によって定義される一つの体系であって、服を着る個人はそのなかから自分の服装を選びとり、そのつど規範にふくまれている潜在性を現実化するというのだ。トルベツコイは服装という事実（すなわちパロール）として、衣服の個人的サイズ、古びかたや汚しかたをあげ、服飾という事実（すなわちラング）として、些細な差異だが、一定の社会における若い娘と既婚女性の衣服の差異を例にあげている。この二つの対立をうけて、以下のような展開を提案してみたいと思う。服装（パロール）の事実には次のものがふくまれるだろう。すなわち衣服の個人的サイズ、古びかた、着崩しかた、汚しかた、服の一部のパーツの欠如、あるパーツを使わない着かた（ボタンをかけない、袖をとおさない等々）、まにあわせの衣服（状況に対応した身体の保護）、色の選択に応じた使いわけ、着る者それぞれの着こなしかたなどである。衣装（ラング）の事実は（葬式、結婚式、タータンチェック、制服などの儀礼的色彩はのぞく）、あるパーツの状況につねに抽象的で、もっぱら言語か図式による記述によってしか存在しないものだが、[13]これには以下のものが含まれよう。儀礼化した形態や材質や色彩、決められた着かた、ステレオタイプ化した着こなし、アクセサリー的諸要素（ボタン、ポケット、等々）の規則的な配置、外観の規定（「身なり」）、さまざまなパーツの適合性と不適合、裏と表の決まった組みあわせ、そして最後に、さまざまな意味表現の目的で人工的に再現された諸々の服装（演劇や映画の衣装）。こうしてソシュールの区別を衣服へ適用してみるのは貴重な試みだと思う。この区別があれば、衣服の研究は研究対象の制度的かつ社会学的な性格をたえず検討できるようになるからだ。そうして、一見すると曖昧に見える現象、服飾と服装が入り混じり、個人と社会が入り混じった諸現象に正確な解明の光を投げかけてくれる。リチャードソンとクローバーが、構造主義者にはよく知られた著作において、ここ三世紀にわたる女性の服装のモードのリズムの規則性を明らかにできたのは、ある衣服のスケールが服装の事実ではなくなって服飾という事実に移行する、その境界について正確なセンスを持っていたからこそだ[14]。要するにソシュール的な区別があれば、制度的な衣服と個人が着る服とのあいだのたえざる往還を制御している、まさに弁証法的な動きをすべて正確に記述することが可能になる。服飾という事実はいかにして服装の事実になるのだろうか（本来の型式から出発して普通の服装に普及してゆく女性のモードは一般的にこのケースである）、一方、服装の事実はいかにして服飾の事実になるのか（個人的な着こなしが模倣をとおして集団的に反復されるケースがこれにあたり、気まぐれ《ファッド》やクレイジーな服装など、ダンディズムにはこのケースが頻繁にみうけられる）。

服装と服飾の区別ができたうえで、服飾のなかで意味するものはいったい何なのか？一見するところ、服飾は一種の無限のテクストであるから、意味する単位を限定するすべを学ばねばならないが、まさにそれが困難を極めるのである。テクニカルタームはこの際ほとんど役にたたない。製造とか購買といった単位、要するにいわゆる品物と呼ばれるもの（一枚のシャツ、一着のドレス、一着の上着）は必ずしも意味単位ではない。意味作用はこれと限定できる対象におさまりうるものではないのは明らかで、些細な細部や複雑な全体にかかっている。誰が見てもわかるような奇抜な服をのぞいて、一つの品は何も意味しない。そのうえ、久しきにわたって、無意識の類型に属する普遍的な象徴体系に訴える場合をのぞき、われわれの衣服は意味するものと意味されるものとのあいだの類比関係をすっかり失ってしまっている。西洋の服装が類比性を持っていた最後の例は、中世の狂人の着た半々に色分けされた衣装だった。これは心が引き裂かれていることの象徴だったのが、それ以降、服の形態は、一切の象徴へのかかわりから解放されて、純粋に内的な変化をたどってきたようにみえる（これもまたリチャードソンとクローバーの教えるところだが）。一方に、意味されるもの（たとえば、若さ、知性、威厳、ボヘミアン等々）がある。他方にある諸々の意味するものは、つまるところ抽象的、もしこう言ってよければ非‐類似的で、きわめて流動的かつ恣意的なものだ。だからといって、意味するものと意味されるものとの関係、すなわち意味作用が、その規範的で威嚇的で脅迫的な性格を決して失うわけではないのである。

ということは、おそらく衣服の記号学は語彙論的なものではなく、統辞論的なものだということであろう。なぜならここで意味作用は古代オリエント社会の衣装のように自然にみちびきだされるものでもなければ、先祖代々からの決まりによってコード化されているわけでもないからだ。衣服の意味単位は、これこれと切り離された、一つの品物単品のなかにではなく、音韻論の単位に似たような、対立や差異や一致などの真の諸機能のうちに見出されるということなのである。したがって、衣服の連続体から真の意味単位(*sémies*)をとりだすには、音韻論にならって、衣服に一連の入れ替えテストを行わなければならない。大まかに言うために例をあげれば、上着に革ボタンをつけることは、それに新しい意味を付与することだろうか？ 単純な対立(革ボタン／それ以外のボタン)が多少の意味をあらわすこともあるかもしれない。十全なシニフィアンの地位にあるものは、まさに機能のなかの機能であり、「組み合わせのヴァリエーション」によって意味を変えるのである(たとえば、ツイード／革のボタン／ライター用ポケット／等々)。いうまでもなく、要素の欠落も十全なシニフィアンの役割をはたしうる(たとえばノーネクタイ)。衣服という記号には零度があるのであって、無価値になることは決してない。その逆に、シニフィアンの集積を解読するすべを学ぶべきだろう。たいていの衣装にはメッセージの冗長性がある。それを研究してゆけば、趣味の構造学的定義にみちびかれてゆくだろう。

衣服の記号表現《シニフィアン》の要素に関する調査をいまごく仮説的に提示してみたが、このような調査を試みた研究はまだ一つもない。そのような仕事にかかるには時期尚早なのだろう（衣服にかんする全「テクスト」を調べるだけでも膨大な情報装置が必要になるにちがいない。衣服の観察、精査、たえざる更新を続けなければならないが、これはチームを組まなければできない研究だろう）。おそらく初めはもっと大まかな分析から手をつけるべきだと思うが、その分析について一言述べておきたい。「現在の」衣服の分析的解明にあたり、最大の難問は、まさにその統辞論的性格にある。シニフィエは、「現実態の」シニフィアンをとおす以外には決してあたえられず、意味作用は、もっと細かく分けようとしたとたんに逃れ去ってしまう分割不可能なものだからだ。ところが、幸いなことに、シニフィエがアプリオリにシニフィアンから分離された人工的衣服が存在している。それはモードの衣服だ。すなわち、グラフィックなかたちであれ、記述的なかたちであれ、新聞や定期刊行物が提案する衣服である[15]。ここでは、シニフィエが公然と、しかもシニフィアンに先だってあたえられ、名づけられている（秋のドレス、午後五時のテーラードスーツ、等々）。あたかもそれは、微妙な規範からなる実に複雑なテクストを読むのと同じようなものだが、幸運にもわれわれはそのテクストの鍵も同時に手にしているのかもしれない。書かれたモードやグラフィックなモードは、記号学を衣服の記号の語彙論次元に運んでくれる。おそらくその言語はテクニックを駆使した、凝った言語で、シニフィエはずいぶん非現実的で夢想的なものである。だがそれでもかまわないではないか。というのもここで探求の的となるのは、雑然としていて、しかも細工をほどこされた領域であり、モードの時間が解体してゆくなかで、意味作用が機能する様子をいわばスローモーションで見ることができるのだから。印刷されたモードの記号学は、衣服を直接あつかう一次的な記号学を当惑させるあの恐るべき障害、すなわちシニフィエの不当な客観化を回避するのにかなり役立つ。逆に、書かれたモードは二次的な記号学的システムなのだから、シニフィエとシニフィアンを分離するのが正当なばかりか、必要なことになり、シニフィエに事物の重みを取り戻してやることにもなる。言葉を変えて、わたしが先のエッセイで素描した定義をふたたび使って言うならば[16]、印刷されたモードは、記号学的にみて、まさに衣服の神話学として機能しているのである。ここではまさに衣服のシニフィエが客観化され、濃密にされているからこそ、モードが神話になっているからだ。したがって、こうした衣服の神話学（衣服のユートピアといってもいいだろう）こそ、衣服の言語学の第一ステップになるにちがいない。

Critique, n°3, 1959/3

原注

（1）以下を参照。R. Colas, *Bibliographie générale du costume et de la mode*, Paris, Librairie Colas, 1932-33, 2 vol, in-4^{0} ; Hiler, *Bibliography of Costume*, New York, 1939.

（2）とくに、カーライル、ミシュレ、バルザック。

（3）このテーマにかんする最良の考察はおそらく古代中国についてのグラネのものである。

（4）衣装とは「芸術作品に再現された作法や衣服などの真実のことである」。一六七六、フェリビアン*2。

（5）これらの『生理学』もののリストは、国立図書館のフランス史総合カタログの分類番号Liの項でみることができる。

（6）とくに次のもの。Quicherat, *Histoire du costume en France*, Hachette, 1875 ; C. Enlart, *Manuel d'archéologie française*, t. III, Picard, 1916 ; G. Demay, *Le Costume au Moyen Age, d'après les sceaux*, Dumoulin et Cie, 1880.

（7）L. Febvre, *Le Problème des divisions en histoire*, dans *le Bulletin du Centre International de synthèse historique*, n^{0} 2, déc. 1926.

（8）Haudricourt et Juilland, *Essai pour une histoire structurale du phonétisme française*, Klincksieck, 1949.

（9）このテーマについて最も説得力のある著作は、冒頭に引用したハッセンの著作である。

（10）このテーマについては次を参照。R. Broby-Johansen, *Kropp och Kläder*, Copenhague, 1953 ; B. Rudofsky, *Are Clothes Modern?*, Chicago, 1947. この二作には、衣服の形態の恒常性を明らかにする数多くのイラストが掲載されている。

（11）これらのアメリカの研究の文献は次にみられる。E. Young Barr, *A Psychological Analysis of*

Fashion Motivation, New York, 1934.

(12) N. S. Troubetskoy, *Principes de phonologie* (trad. J. Cantineau, Klincksieck, 1949, p. 19) 〔トゥルベツコイ『音韻論の原理』長嶋善郎訳、岩波書店、一九八〇年〕

(13) モード写真は方法論的に興味深い問題を提起する。ソシュールの用語を使っていえば、服装と衣装の一種理想的な混同をきたしているからだ。それをいうなら、コレクションにおける服の見せかたも同じことだが。

(14) J. Richardson et A. L. Kroeber, *Three Centuries of Women's Fashions, a Quantitative Analysis*, University of California Press, 1940.

(15) シニフィアンとシニフィエの得がたい分離をみせているもう一つの人工的な衣服は祭服である。

(16) *Mythologies*, Ed. du Seuil, 1957, dernière partie : 《Le mythe, aujourd'hui》〔『神話作用』篠沢秀夫訳、現代思潮社、一九六七年〕

訳注

＊1 ヘニン帽は一四、一五世紀に婦人がかぶった長い円錐形の帽子。

＊2 アンドレ・フェリビアン（一六一九―九五）フランスの建築家、史料編纂官。

8　衣服の社会学のために

キーナー『衣服、モード、人間——心理学的解釈の試み』書評

本誌掲載の論ですでに指摘したとおり[1]、数は多いがたいてい内容が重複している服飾史をのぞけば、衣服についての総括的な著作はめったにない。膨大な主題なだけに研究も進んでおらず、軽薄に流される誘惑にたえずつきまとわれているテーマなので、真面目にとりくむ意図があって、何らかの統一性への努力を示しているものなら何でも真剣にとりあげたくなってしまう。Fr・キーナーの研究もこうした真面目な意図がうかがわれる[2]。だがわたしのみるところ、不公平だが卓越した、いやむしろ不公平だからこそ卓越しているフリューゲルの著作[3]を読んだ読者には、キーナーの研究が本当に新しい何かをもたらしているかどうかは疑わしいと思う。

キーナーの臆病さを理解するには、フリューゲルのとった立場を思いおこす必要がある。フリューゲルは公然と精神分析学の視点に立ち、無意識的な人格の仮面でもあれば誇示でもある衣服の両義的な表現を記述するのにフロイト的象徴の語彙を使った。フロイト的象

徴はうけいれがたいとしても、フリューゲルの仕事は二重に貴重なものである。まず第一に、フリューゲルは歴史や民間伝承、文学、時事的報道のなかから衣服にかかわる事象のほとんどをとりだした。要するに、誰もが多少とも知っていることを整理したのである(暮らしに密着しすぎているので無意味なことのように思われていることに事象としての価値をあたえること、そこにこそ衣服をめぐるあらゆる研究の何ともいえない難しさがあるのだ)。第二に、フリューゲルは衣服を何かにとっての価値、すなわち一つの意味作用だと明確にみなした(ここではシニフィエは深い心理〔プシケ〕である)。はじめて衣服は、それまで押しこまれていた動機の三角形(保護、羞恥、装飾)から解き放たれて、メッセージの地位を獲得し、記号学の体系の一要素となったのだ。この意味では、精神分析の手法を厳密に守っているにもかかわらず、フリューゲルは衣服を表現よりはるかにコミュニケーションに近づけたのである。

フリューゲルと同様、キーナーもまた昔ながらの衣服の動機(保護、羞恥、装飾)を論じることから始めて、その幾つかを折衷的にとりあげてもいる。だが彼の主要な主張は、衣服を身体の表現だとするものであって、身体の部位が繋がっているように、彼の記述スタイルも連鎖している。(4) そのために彼の本の大部分は、頭、胴、骨盤、脚といった純解剖学的プランに従っており、(5) それぞれの部位について、人間がそこをさまざまな形で覆うありとあらゆる「モチーフ」を検討している。キーナーのこの試みは、ダムレットとピションがフランス語についておこなったあの大いなる記述を思わせる。同じような百科全書的企て、同じような長所（豊富な記述、細部の精密な分析）、同じような欠点がある（一見秩序だって見えるのに無秩序で、通時態と共時態をたえず混同している）。

キーナーがフリューゲルより後退しているのは、このような「博物学的」視点のせいである。たしかにあつかわれている素材は豊富で、出典もきわめて多様だ（神話、歴史、民間伝承、俗諺、伝説、冗談、夢、奇譚）。しかもそれらが雑然とあたえられているので、分析はたえず混乱に陥りがちで、また月並みに陥りそうでもある。それというのもすべてが「細部」としてあたえられ、何一つ模範的な事実の状態になっていないからだ。だが、それ以上に失望させられるのは、解釈の原理である。キーナーは一つの「心理学」をめざそうとしている（といっても、どの心理学なのか明らかにしていないが）。残念ながら、身体と衣服が関係づけられるようになると、この心理学は一種の手品にかかったように消え去ってしまう。フリューゲルの用いたフロイトの心理学も異議を唱えたくなるものだが、少なくともそれは十全に構造化されているので、作業仮説を設定することが可能であり、しばしば実りある成果を生んでいる。ところがキーナーは、たえず衣服を人体の一種「自然感覚」ともいうべきものに還元するので、意図に反して、自明の理の水準にひきもどされてしまう。彼の分析の大半はまぎれもない同義反復になっていて、身体は身体であると言うだけなのだ。たとえて言えば、昔の筆跡学が、弱々しい字体は軟弱な性格を表すとしたのと変わらない。たとえば、丈の短い服を選ぶのは実用的だからだという主張が興味深いものになるのは、実用性という概念そのものが、歴史的、イデオロギー的分析にかけられて、その相対性が明らかになるときだけである。われわれが興味をいだくのは、衣服の多様性ではなく、それらが意味する諸価値の相関性だけなのだから。こうしたすべてに、一種の本質主義が隠れている。というのもキーナーは、阿片のもつ「催眠的」効果を思わせるような本質に訴えることが少なくないからだ(「女の本性」「時代精神」「生命欲」「変化への欲求」「発展への傾向」等々)。

たしかに、キーナーにおいてすべてが単純なわけではない。彼は衣服の現象学的分析、彼が「自己－衣服」、Kleider-Ich と呼ぶものの分析可能性を展開はしなかったが、予感はしていた(といっても、自我の拡張や衣服のエロティシズムにかんする彼の考察の大部分はすでにフリューゲルにあるのだが)[6]。その一方で、キーナーの百科全書的センス、些事を愛する性向、矛盾した細部(まさに服飾史は「逆転」の連続である)などは彼の仕事に一種の相対主義的傾向をあたえている。だがそれは彼がうまく解決できない矛盾をかかえたままだからなのだ。まず彼はたえず歴史にたちもどるのだが、時代を間違えている(そのうえ社会的な身分の差異にも十分な注意を払っていない)。したがって、彼の歴史にあっては、衣服は単調な断絶の連続と、対立するものの無秩序な継続になってしまう。他方で、キーナーの試み、その著作の構想そのものが、ある「自然」人類学を想定し、人間の身体の心理的本質のようなものを想定している。もしもその心理学が真実であるならば、論理的に言って、ある普遍的な衣服、変化の少ない衣服が必要になるだろう。けれどもわれわれの歴史を見ればわかるように、衣服は必ず変化するのである。たとえば首が保護を必要とする人体部位であるとするなら、なぜ首を覆ったりむきだしにしたりするありとあらゆる形態が存在しえたのだろうか？　ここでは、歴史と「自然」のあいだに矛盾があり、器官の厳密な合目的性と、衣服の経験上の多様性とのあいだに亀裂がある。この亀裂は、異常生殖の法則（キーナーがヴントから借りたもの）だけでは正当化できない。

　要するに、この本で大切なもの、それは細部なのである。衣服という事実に関する歴史的、人類学的調査のためには、きわめて多様な情報源に培われた膨大な教養が要る。キーナーの部分的分析は、輝かしいだけでなく、刺激的でもあって、細部をはるかに越える問題を提起している。残念ながらわれわれがこの主題にかんしていちばん必要としているもの、それは衣服を一つの構造としてとらえようとする体系的な試論であって、些細な出来事のアナーキーな集合ではないのである。わたしのみるところ、事実という概念そのものが構造化の試みにそぐわないのではないかと思う。というのも衣服の諸要素のなかでわれわれの興味をひくものは、そもそもそれらの関係性だからだ。われわれが必要としているのは、実質的な記述よりむしろ機能的なそれなのである。ところが、言語学の例（ことに音韻論の例）が示唆するところでは、ある現実を一つの構造として記述することが可能になるためには、機能と対立する事実という観念そのものを変えなければならない。音韻論的「事実」は、音声的「事実」とはかなり異なっている。あえていうなら、衣服の研究が語彙論的なものから統辞論的なものに移行する日がくれば、衣服の心理学が収集した「事象」の大部分は、無意味になって、無用になるかもしれない。

Annales, 1960/3-4

原注

（1）本書所収「衣服の歴史と社会学」参照。

（2）Fr. Kiener, *Le Vêtement, la mode, et l'homme. Essai d'interprétation psychologique.*

（3）J. C. Flügel, *The Psychology of Clothes*, Londres, The Hogarth Press, 3e éd., 1950.

（4）キーナーは自らの研究を「表現科学」（*Ausdrucks-kunde*）に結びつけている。

（5）A・ルロワ＝グランは、テクノロジーの観点から衣服を記述するにあたって、正当にも身体の部位ではなく、服の支点となる部分にもとづく分類を採用した（A. Leroi-Gourhan, *Milieu et techniques*, Albin Michel, 1950）。

（6）キーナーが装身具を一つの「役割」（私は自分がつくるものである）と定義するとき、たいへん実り豊かな仮説の端緒にふれている。そこから展開した幾つかの論点は現象学に負っているものかもしれない（サルトルの『聖ジュネ』への言及も幾つかある）。また、精神病理学にも負うところがありそうだ（なかでも、Roland Kuhn, *Phénoménologie du masque à travers le test de Rorschach*,

Desclée de Brouwer, 1957. を思わせる)。眼鏡をかける者の知的「役割」についても、キーナーは同様の興味深い指摘をおこなっている。

9 今年はブルーが流行

モードの衣服における記号作用単位についての研究ノート

（1）モード雑誌で、「アクセサリーが春をよぶ」、あるいは「この」スーツは（その写真が載っているわけだが）「若々しく、しなやか」とか、「今年はブルーが流行」といった言葉を読むと、これらの命題に何らかの意味の構造があると思わざるをえない。どの場合も、比喩を使った婉曲な言いかたであったとしても、一つの概念（春、若々しさ、今年のモード）と一つの形態（アクセサリー、このスーツ、ブルー）、つまりはシニフィエとシニフィアン[*1]が等価関係にあることを認めさせることが問題になっているからである。

もちろん、厳密な意味作用が問題になっているわけではない。こうした関係は必然的でもなければ、十分でもない。「ジュアン＝レ＝パンの午後のダンスパーティには、ボートネック」とか、「ドーヴィルのランチ・パーティには、ふんわりした大判ショール」といった提案を読むとき、そこにあるのは二重にゆるい関係である。午後のダンスパーティにボートネックの服を着てゆかねばならない必要はないし、ノルマンディーのランチ・パーティに大判ショールが必要なわけでもない。にもかかわらず、これらの二項の関係には明らかな類縁性があり、ある同義反復の萌芽がある。要するに、一方が他方を呼びよせるのであり、引用的な関係があるのだ。少なくともわたしは二つの間に何らかの意味作用を認めることができる。あたかもモード雑誌が、意味作用の初歩的プロセスによって、ある一つの領域（昼のパーティ、ノルマンディーの涼しさ）を別の領域（あたたかくて軽い生地、優雅な形のはおりもの）に結びつけるかのようにすべてのことが運ばれるのだ。はたして衣服が意味するのかどうか、まだわたしには確信がもてないのだが、少なくとも衣服に言語学的な分析法を適用できるという考えはゆるがない。モードの衣服に意味作用の性格があることを証明するのは、服を着る人たちの多かれ少なかれ疎外された意識などではなく、むしろ方法とその対象との一致であるからだ(1)。

(2) それというのも、モード雑誌のレトリックは、みずからが提案する関係の意味的性格を実にしたたかに隠蔽するからである。あるときは、それはシニフィエ（モード、しなやかさ、春）を、とりあげた形態の内的属性であるかのように示す。あたかもモードとブルー、アクセサリーと春とのあいだに一種の物理的な因果関係があるかのように(2)。かと思えば逆に、このレトリックは、シニフィエをたんなる実用的機能に還元してしまう（旅行のためのコート）。因果性であろうと合目的性であろうと、モード雑誌の言いまわしはいつでも、衣服の言語学的地位をこっそり転換して、自然な地位や実用的な地位に変え、記号に一定の効果や機能をあてがおうとする傾向がある。いずれの場合も、恣意的な関係を自然な関係や技術的関係に転換することをめざしているのだ。要するに、モードの創造にたいして永遠の保証を、あるいは経験的必要性の保証をあたえることが問題なのである。だが実を言えば、モード雑誌が使用しているのはもっぱら記号としての機能だけなのだ。たしかにレインコートは雨からまもってくれるが、同時にそれは分かちがたくレインコートという本性を告知している。そして、まさにそこにこそ衣服の根本的な地位があるのだ。純粋に機能的な衣服というものは、社会というものの外でしか考えることができない。衣服は製造されるや否やたちまち記号学に結びつくようにできているのである。

(3) したがってまずはじめになすべきことは、モード雑誌の言いまわしを単純化することである(後にそれを再解釈しなければならないが、そのときには神話学として解釈することになるだろう)。そこで明らかになるもの、それは、さまざまなシニフィエとシニフィアンとのあいだの、唯一のモデル(それゆえ照合可能なモデル)に拠った単純な関係である。これらの関係は単純だが、「純粋」ではない。なぜなら、シニフィアンの方は、衣服というものが一定の身体部位を占める連続体であるから、それに応じた身体の各部位(スーツ、プリーツ、クリップ、金ボタン、等々)に必ず結びついているのにたいし、シニフィエ(ロマンティック、小粋、カクテル、田舎、スキー、若い娘、等々)は、不可避的に書かれた言葉の次元をとおして、すなわち文学をとおしてあたえられるからである(それが下手な文学であってもその地位は何一つ変わらない(3))。

というこことは結局、究極の状態では、モードの衣服のシニフィアンとシニフィエは同一の言語活動に属していないということである。ここに大きなねじれがあり、そのねじれのせいでモードは、あの二つに切り離された構造に近づいてゆくことになるのだ。その構造については、先に書いた試論で基本的な記述を試みたとおりである(4)。ところで、こうした体系の二重性、すなわち、一つの言語活動(衣服の形)とメタ言語(モード文学)にいわばまたがってできている二重の体系に見合った方法を選ぼうとすれば、二重の記述が必要となる。すなわち、シニフィエの研究(たとえばモードが描いているユートピア世界の研究)はモードの一般的神話学に属している。これにたいし、衣服のシニフィアンの研究は語の厳密な意味での記号学に属している。ここでは第一の研究は措いて、第二の研究の方に専念することにしたい。シニフィエをあつかうときは、それが記号のなかで占める位置だけをとりあげることにする。

(4) 他のコミュニケーションの体系では、たいていの場合、意味との関係は分析的形態で示されてはいない。体系は一連のシニフィアンの連鎖を提供するだけであって、別のやりかたでそのシニフィエを名づけることはない。あるディスクールはさまざまな言葉をさしだすだけで、それらの言葉の意味をさしだすわけではない。もしも解読者がその言語を知らず、いかなる語彙のもちあわせもないとしたら、彼は忍耐強くアプローチを試み、話された言語連鎖の断片を比較しつつ、ほとんど実験的なやりかた（入れ替えテストのような）をもちいてそれらの断片を操作して研究にはげまなければならない。

衣服にあっては、シニフィエは自律的で、切り離されており、シニフィアンから分離されてモード文学の崇高な天空まで高められており、方法的に構築された一つの大きな組織を形成している。ここでは一方でシニフィアンがあたえられ、他方でシニフィエがあたえられているのだから、いわばテクストと用語集を同時にあたえられているようなものだ。（原則的に）記号から出発すれば、ただちにシニフィアンを定義することができる。定義するとはすなわちそれを分離してとりだすということだ。もしも「ブルーが流行」とか、「カメリアなら安心」とか言われたら、わたしはそこから色とアクセサリーがシニフィアンの等級であり、その単位であろうという結論をひきだすことができる。

その次には、それぞれの単位のなかで、対立が意味作用をうみだしているような特徴は何であるかを探せばよい（青／赤？　青／白？　クリップ／花？　カメリア／薔薇？）。そうすれば衣服の意味作用の全構造を把握することができるだろう。こうした試みのうちには衣服の構造分析の二つの局面が認められる。すなわち、さまざまなシニフィアンの単位の目録化と、それぞれの単位について、そこにかかわっている対立関係の範列の作成である。一方には連辞の（空間的な）切り分けがあり、他方には、システマティックな構築がある。ここでは前者に限定して、形式による等級の目録作成だけをあつかうことにしたい。

（5）この目録には、完全に言語化された関係、つまりシニフィアンがイメージそのものではなく、イメージの解説であるような関係を収録する方がたやすいのは明らかである。なぜなら、このような関係ではシニフィエとシニフィアンが同一の言語活動に——少なくとも実践的には——属しているからだ。けれど残念ながら、モード雑誌があたえるのはたいてい純粋に視覚的なシニフィアンである（このカジュアルなスーツ、このエレガントなドレス、その気軽なツーピース）。こうなるとわたしは、このスーツやこのドレス、そのツーピースのなかで、何がカジュアルやエレガンスや気軽さを意味しているのか決定するすべがない——直感にたよるのでないかぎり。ここで、指示詞（この、その）[5]は一般的形態にかかわっているが、まさにそのせいで、衣服の記号を切り離すための正確な分析が妨げられてしまう。

こうした関係——これらを指示関係と呼ぶことができるだろう——を前にして、まるでわたしは切れ目のないメッセージに意味の単位を探しださねばならない解読者の立場に立たされたようなものだ。ここで採りうる唯一の方法は反復に目をつけることである。ある特定の領域のメッセージが同じかたちで戻ってくるのを何度も見ることで、それが同一の意味作用を持っているのだと思えてくるのである。衣服のモードも同じことだ。たくさんの写真のなかで、ある特徴がカジュアルを意味するのだと推測できるのである——あるいは、最終的に、この特徴がカジュアルを意味するのをひく唯一のものなのだが——確かにこれが意味作用の単位なのだと結論づけることができる。

（6）この作業は難しい。だが別の困難もある。もしも「白い絹の角襟のセーターはフォーマルです」と書かれていたら、これら四つの特徴（セーター、白、絹、角襟）のどれが「フォーマル」という概念のシニフィアンを支えているのかを当てるのは不可能である——またしても直感にたよるのでないかぎりは。意味を成立させるのは一つのシニフィアンだけなのだろうか、それとも逆に、一つ一つは意味のない特徴が組み合わされるやいなや意味をになうようになるのだろうか？ここでもまた解答をあたえてくれるのは、原則として、安定した要素を探るという忍耐のいる方法である。たとえばわたしは、絹というのが「フォーマル」の領域にどうしても必要な素材だということを学ぶだろう。あるいはまた、素材と色の組み合わせというレベルにあってはじめて意味作用が成立するのかもしれない。いずれにしろ、セーター、絹、白、角襟といったものは意味ある特徴でありうる強い意味をなす第五の特徴の存在を予測することは有益にちがいない。

というこどを書きとめるのは有益である。なかでも、それらすべての組み合わせという、

(7) この例はそれ以上のことを教えてくれる。ほかのメッセージを読むと、セーターが「フォーマル」という概念のシニフィアンになることはめったになく、たいていはその逆のシニフィエ(たとえばスポーツ)を満たすことが多いことがわかる。そこでわたしは、さしだされた提案が故意に逆説を狙っているのだという結論にみちびかれる。幾つかの特徴(絹、白、角襟)はセーターのふつうの意味作用を邪魔しにくるのである。ここにあるのはモードの文法にとってたいへん重要な調整という現象なのだ。だがさしあたってわたしが覚えておくべきことは、あらためて、ここではセーターがシニフィアンではないということだ。それは、意味作用がめざす対象なのである。

原則として、モードの意味作用がめざす対象は、必ず定義されるはずである。意味作用がいわば距離をおいて作用しているケース——かなり稀なケース——なら、ことのほか定義はやさしい。距離をおいてというのは、意味をになっている特徴が、それがめざしている服とは物理的に離れているからだ。たとえば次のような命題。「プリントのブラウスはスカートにロマンティックな雰囲気をあたえます」。この命題で、シニフィアン(プリントのブラウス)は、それがめざす対象(スカート)と完全に離れている。白い絹のセーター

ーの場合は、区別はすでにかなり難しい。なぜならさまざまなシニフィアンが、それらが意味させようとしている服と渾然一体となっているからである。最後に、意味作用の対象は書かれさえしないことが多い。それは、装い、化粧、服を着た人という全体がめざす対象になっているからだ。対象が総体にわたっているので、めざすのはどれかを言えないからである。

そのうえ、関係のなかの物的項目は異なる機能が混じったものが少なくない。たとえば「涼しい日のためのブレザーのアンサンブル」とあれば、「ブレザーのアンサンブル」のうちに一つのシニフィアンの対象そのものを読みとらなければならない。いやそれだけではない。この項目はそのうえもう一つの引き出しを含んでいる。すなわち、意味作用の支持項である。これは重要な新たな概念である。めったにない例だが、三つの「引き出し」が完全に切り離されている例を一つあげてみるとこの概念がよく理解できるだろう。たとえば、「襟を閉じたスポーティなカーディガン」があるとしよう。ここには三つの異なる概念がある。意味作用の対象（カーディガンがそれにあたる）、意味作用の支持項（襟がそれである）、いわゆるシニフィアン（閉じた襟がそれだ）。意味作用の支持項はモードの用語集のなかに大きな位置を占めている。それを明確に言えないケースがあるのもたしかである（今年はブルーが流行です）。だがたいていの場合、モード雑誌はそれを明確に語っている。意味作用が「細部」（首飾り、首まわりの形、袖の長さ、スリットの位置など）

にしか現れない場合がほとんどなので、そうせざるをえないのだ。定義からして細部は衣服に寄食している。服は、意味を「示す」にしろ、受けとるにしろ、みずからは参加することなく意味作用を支えている。服は意味作用の対象であるか支持項であるかのどちらかなのである。支持項の方が対象よりはるかに頻繁に現れるので、支持項の方を調査しさえすればよい。ただし、意味作用の支持項が、それがめざす対象とは異なる、ごく稀なケースはこの限りではないが。

　理論的に言って、意味作用の支持項とはいったい何なのだろうか。ここで言語を考えなければならない。言語は、普通に使われているところでは、いかなる支持項もないかのようにみえる。言葉は意味を支えるのではない。言葉は意味であるからだ。言葉の意味は、それを支える素材（聴覚的ないし視覚的）から切り離すことができない。構造主義的言語学は、この素材の隷属性を意識したからこそ可能となったのである。しかしながら、言語がディスクールを二重化し、言葉の連鎖をたんなる意味の支持項にしてしまうような局面がある。それは、わたしが別のところでエクリチュールと呼んだ局面である。たとえば文学的エクリチュールにおいて、ディスクールは確かに字義通りの意味を有し、この点では対象と意味のいかなる分離もうけつけない。それはまさしく言語そのものである。だがこの同じディスクールが、用いられている言葉のそれとはちがった補足的な意味作用の支えとなり、そのシニフィエがまさに文学であるようなケースがあるのだ。一篇の詩を書きながら、わたしは何かを語っているが、それと同時にわたしは詩を書き記しているのである。

モードの場合もほとんどこれと同じである。ただしここでは字義どおりの意味が消えている場合がほとんどだが。それにとって代わるのはもっぱら神話的意味である。衣服の言語において、意味作用の支持項とは結局のところいわば委縮した記号であり、ある世界の、無力な、飼いならされた遺骸である。その世界では、セーターが文字通りにくつろぎとあたたかさ、要するに「フォーマル」の対極そのものを意味しているのである。こうしてモードの衣服はある二重化した体系に属しており、そこでは、副次的で二義的な意味が第一義に寄りかかり、しだいにその生気を吸いとってゆく。こういうわけでモードの衣服は、単純な記号学はあずかり知らない、意味作用の支持項というものを含んでいるのである。

（8）以上から、完全な関係は少なくとも三つの情報をさし示すはずである。すなわち、シニフィアン、シニフィエ、そして意味作用の支持項の三つである。モード雑誌にはこうした関係がけっこうあるので、次のモデルにしたがってリストの作成を試みることができる。

これらのリストは二通りに分類できる。シニフィエによるか、シニフィアンによるかの二つである。もしももっと広い範囲に及ぶ素材、統計的に数の多い、たとえば言語学に似たような素材からなるものが問題だとしたら、このような分類は危険かもしれない[6]。だが

<table>
<tr><td>シニフィエ
「五時」</td><td></td><td>シニフィアン（複数）
「サテンの生地」</td></tr>
<tr><td colspan="3">意味作用の支持項
（あるいは意味作用がめざす対象）
「ドレス」</td></tr>
<tr><td colspan="2">意味作用の表現
（モード雑誌の言いまわし）
「……の雰囲気」</td><td>『エル』611号
レフェランス</td></tr>
</table>

このリストは純粋に質的なモデルにかかわるものであるから、容易に二つの分類を試みることができる。シニフィアンによる分類は、同一のシニフィエのあらゆる「形態素」を明らかにするだろう。たとえば「ロマンティック」のシニフィアンは以下のようなものだ。モスリン、レース、バチスト、[*2]浮き彫り刺繍《サテンステッチダーツ》、リネンローン、オーガンジー、裾飾り、帽子につけるベール、ヘアバンドなどである。このときわたしは、複数の異なる形態（-s, -ent, leur, 等々）を調べる言語学者と同じような立場におかれるだろう。けれども、sが数と同時に人称の印である（Tu chantes）のと同じように、オーガンジーはロマンティックな雰囲気とともにカジノ用のドレスだということも明らかにされている。したがってわたしは、空間的な状況（一つの文、あるいは衣服の全体）であれ、組み合わせの状況（たとえば -s と -ez、オーガンジーとフランネルの対立）であれ、何らかの文脈に拠らざるをえない。

したがって、当面は、実質であるシニフィエのことを考えずに、均質的なシニフィアンの等級の一覧を作成する方がよいだろう。あらためてシニフィエがかかわってくるのは、これらの等級の一つ一つの内部で、関連する変異項が問題になる時だけであるから。何よりまず第一に解明すべきもの、それはモードの衣服をうみだす主要な「形態素」である（わたしは作成するカードの中央の仕切りにそのスペースをとってゆくつもりだ）[7]。もしわたしが「サテン－生地」タイプのあらゆるシニフィアンを比較するとすれば、たちまちにして素材という一般的「衣服素」が現れることだろう。今後の一連の分析の後、その衣服素のなかに真の範列（その「数」は予見できないが[8]）を切りひらくことができればと思っている。そうすれば、サテン生地とツイード（＝午前）を適切なかたちで対立させることができるだろう。

（9）これらが、わたしが明らかにしたいと思っている諸機能なのである。ところで、モード雑誌はたいていいつも同じ意味を持つ語彙をしかあたえない（それを絶対語彙と呼ぶことにしよう）。というのもモード雑誌は神話的使命によって、もろもろの記号を不動の本質としてさしだす傾向があるからだ。モード雑誌は、たとえば「アルパカ」は「夏」を意味し、「レース」は「神秘」を意味すると宣言する。ほかのシニフィアンの全般的リストがどうであろうと、そこでは「真実」で永遠のアイデンティティが問題になっているかのように。その法則は、恣意的であればあるほどいっそう命令的である。だがわたしは絶対語彙だけで満足するつもりはない。そこではシニフィアンの対立を明らかにすることができないからである。ここが肝心なところであって、もしわたしが単純な等価式（アルパカ＝夏）だけで満足するとしたら、わたしは意味作用を実体化することになってしまって、シニフィエの神話的性格を見失ってしまうことになるからだ。そうではなくてわたしがモードの絶対語彙をバラバラに分散させて相対的対立関係のリストを作成することができたとしたら、わたしはモードの言語の二重構造を明瞭に示して、シニフィエを神話学の天に送り返すことができるだろう。

(10) それにくわえ、幸いにもモード雑誌は時に絶対語彙を放棄して、完全にできあがった対立関係のリストをみずからさしだしてくれることがある。このケースを記号の付随的変異と呼ぶことにしたい。あるシニフィエの変更が明瞭にシニフィアンの変更をともなうので、その場合には、一種の比例関係[9]で結ばれた四項目（二つのシニフィエと二つのシニフィアン）を持つことになる。たとえば「生糸のビロード製の帽子」（意味作用の支持項）というのがあるとしよう。「午後」（シニフィエ1）のためには、「二つの藁のカボション」（シニフィアン1）をつけ、「夕方」（シニフィエ2）のためには、「三つの黒玉製のボタン」（シニフィアン2）をつける。

午後 ╳ カボション 夕方 ╳ ボタン	
生糸のビロード製の帽子 ……のための	
	……

通常、変異はシニフィエの矛盾する対立関係にかかわっている(「おとなしい」/「おどけた」)。だがそれはあらゆる段階の変化にまで広がりうるし(「フォーマル」/「きわめてフォーマル」/「それほどフォーマルでない」)、時刻の変化(「昼食」/「ディナー」/「カクテル」/「五時」/「十時」)にも、あるいは状況の変化(「大舞踏会」/「屋外舞踏会」/「私的な舞踏会」/「自宅での舞踏会」)にも広がりうる。こうなると、シニフィアンがいわばシニフィエの微細な変異にそって変化してゆくさまが見うけられる。そうして段階をふむシニフィエ(「多少ともフォーマル」)が急に不連続なシニフィアン(「ジャケットのあるドレス」/「ジャケットのないドレス」)をともなうさまも見てとれる。

こうした関係が貴重なのは、同じ過程のなかで「衣服素」とその範列を示してくれるからであり、その衣服素が通常は暗黙のうちに支えている連辞的統一と、システマティックな対立関係とを、同時に表してみせるからである。たとえば「襟が開けてあるか閉じているかによってカジュアルになったりスポーティになったりするカーディガン」があるとする(襟は意味作用の支持項であり、カーディガンはそれがめざす対象である)。わたしはただちに、服の着かた(略して、着こなし)という「衣服素」があることを確信するだけでなく、(10)この「衣服素」にふくまれる範列(11)には、少なくとも「開ける/閉じる」という対立がふくまれていることを知るのである。

(11) こうした記号の付随的変異を利用してモードの言語に特有の構造にふたたびたちかえり、その言語が分節言語とどの点で似ており、どの点で異なるか、把握しなければならない。分節言語は単一の体系だが(その文体的な側面、その「エクリチュール」を考える場合はのぞく)、モードの衣服は二重の体系である。きわめて粗雑だが、好きなように二重にも一重にもなれる第三の記号体系と比較してみることで、この相違を考察してみることにしよう。

ある道路の信号に、三つの記号があるとする。赤、青、黄。この記号のシニフィエが何なのか、誰もわたしに言ってくれなければ、赤が禁止であり、青が自由、黄が警告であることを理解するのに、わたしはこの神秘的な刺激にたいする現実の応答を何回も記録しなければならないだろう。この場合には、分節言語に似た、第一の体系が問題になっているのである(メッセージは習得によってのみ解読可能である)。逆に、もしわたしの指導教官が、赤は通行禁止を意味しているとはっきり言ってくれるなら、わたしはすでに、発話《パロ》行為《ール》を媒介とした第二の体系にかかわっているわけである。しかしながら、もしその指導教官が、他の二つの記号について何も言ってくれなければ（あるいは後になって初めて言ってくれた場合には）、わたしは赤を自然な色、本質的で、永遠なる禁止の色かと思ってしまうだろう。そうなるとわたしは、いかなる機能的構造ももたないように人工的につくられた意味作用を消費していることになる。これは絶対言語（アルパカ＝夏）の場合であり、衣服のコミュニケーションの常態を表していることはすでに指摘したとおりである。だが、わたしの指導教官がもしも三つのシニフィエ（禁止、自由、警告）が機能的に三つの色に結びついていることを説明してくれたら、わたしはメッセージを理解するのにただ対立を観察しさえすればいい。このときわたしは機能的構造が明らかな一つの体系を所有していることになるだろう――このシステムもまたパロールに媒介されているとはいえ。というのも、シニフィアンとなる色が赤だろうと青だろうと黄であろうと、わたしにはどうでもいいことだからである（可視性という物理的理由をのぞいては）。さしだされた情報システムを解読するためには、それらの色の対立関係の純粋な戯れを見ていればよいからだ。わたしの言う付随的変異がまさにこのケースである。[12]

(12) いまやわたしは衣服のシニフィアンの等質的な等級について、最初の一覧を提示することができる。これらの等級の一つ一つが一種の連辞単位をなしている（これはソシュールが具体的単位と呼んでいるものにあたる)。これらは空間的次元に属するもので、衣服のさまざまな「断片」である。以下にあげるのが、「衣服素」の等級の最初のリストだ。

―素材
―色
―柄

アイテム
（支点によって決まる）
―頭
―首
―肩
―腰
―肩―腰（一体化したパーツ）
―手
―足

細部
―襟
―袖
―ポケット
―ウエスト
―スリット
―ホック・ピン・ボタンなど
―プリーツ
―縁飾り
―ステッチ
―アクセサリー

―着こなし
―諸要素の組み合わせ

もちろん、これらの等級のそれぞれに問題があり、説明の要がある。ここではたんに方法的案内だけが問題なのであるから、この一覧について二点だけ述べておきたい。

(13) あらためて強調しておくが、このような等級は女性服についての論理的考察にも直感的考察にも由来するものでは全くない。わたしはこの服のさまざまな要素（ないし特徴）を分類するべく努めたが、その分割は、美学や解剖学、技術、商業、専門用語、あるいはたんなる慣用に従ったものでもない。それらを単位として示すのは、もっぱら衣服の位置やちょっとした偶発事が意味する力なのである。形態的に同一なすべての単位の集合が形式的等級を構成するのだ。したがって、こうしてできる等級は、常識で考える衣服の分類にごく近いこともあるし、全くかけはなれていることもある。ごく近い理由は――断固として「形式主義」であろうとする試みにあってそのことに注意しておくのは無駄ではなかろう――（モードの）衣服の意味作用は明白に衣服の実践に――ある在りかたで[13]――結びついており、したがって衣服のなかにはシニフィアンの総体と、衣服が従っている技術的母体が見出されるからである（あるステッチが記号であるからといって、ステッチの実用的機能がなくなるわけではない）。全くかけはなれている理由は、ある衣服が売れる理由が（衣服を品物に分ける、よくあるやりかたをとってみても）、それが意味するものによって売れているのではないからである。デパートのなかに「シニフィアン」という棚があるわけではない。[14]「服《アイテム》」(支持項によって規定されるもの[15])というごく一般的な「意味素」を考えればこうした二重性の見当がつくかと思う。服《アイテム》と品物はもちろん同じ秩序に属している。だがそれは原則として不連続な対象である。商業の分類は品物を分類するのに、基準の異なる複雑な組み合わせをもってする(身体の水平軸や垂直軸の場所、実用的効率性、ヨークのかたち、特徴的な「細部」の存在、等々)。これにたいしわたしが部品をあつかうのは、もっぱら服それじたいの純粋な存在そのもの[16]とか、なんらかの「細部」とか、服にあってそれをシニフィアンにするものだけである。だからわたしはそれを他のシニフィアンと対立させるものだけに注意すればよい。そういうわけで、意味する単位はしばしば商業の品物よりずっと小さかったり大きかったりする。たとえばコートやケープ、レインコート、スーツの上着など、肩の部分の外観をめぐって、きわめて一般的な意味作用があることもあるし、逆に些細な細部のレベル(襟をたてて着るかどうか)に意味作用がかかっていることもあるわけだ。反対に、一つの品物(一つのベスト、一つのスカート)が全く意味作用をもたない場合もある。したがって、モード雑誌解読の最初の務めは——われわれが自由にあつかえる用語がすべて商業的性格をおびているので最も反逆的な務めでもあるが——品物という概念を打ち破り、記号学的要素をその極端な変動のなかで把握するようにすることである。

（14）形態別等級の一覧表にあたえたいと思っている一般的秩序について第二のコメントは以下のとおりである。すなわち、衣服素を「証明する」ものは、それが否応なく二つの構造面にまたがっているということである。すなわち連辞の面と体系の面である。というのも、一方でそれはまぎれもなく衣服の連鎖のなかの一部分であり、具体的な空間の一辺、一つの連続性の一端である。そしてまた一方で、それがこうしてこの空間を占めているのは、競合する他のすべての特質を締め出した結果なのである。たとえば、肩の部分に例をもどせば、一方でそれは確かに衣服空間の一部であり、腰まわりの衣服部分とならびあい、イェルムスレウとトグビュ[*3]の分類学をふたたび借りるなら、他の衣服パーツにたいして選択や単純な組み合わせなどといった連帯関係をむすんでいる。これらの関係は純粋に連辞的関係なのである。すなわち、支柱と「鉱脈」が提起されると[17]、そこでは唯一の単位しかありえないのだ。他方、肩の部分という同じ等級のなかでも一大範列がひらかれ、どの項目も、他の項目を排除することによってしか意味を持たない。アノラックが連辞論的単位になりうるのは、なんらかの腰まわりのパーツ（スカートないしズボン）と隣りあわせているときだけなのだ。それは、同じ鉱脈の別の肩の衣服、たとえばカーコートと対立している限りにおいて一つの体系的単位でありうるのである。このように、衣服素はつねに二重の現実を有している。すなわちそれは拡張的である。なぜならそれは具体的な（場所論的）状況をそなえているからだ。またそれは内在的である。なぜならそれは潜在的な対立の範列を隠しているからである。

(15)　ここまでわたしが語ってきた記号はつねに明示的なシニフィエにかかわっていた。みずからのシニフィエをある文学のメタ言語にあたえるのは——すでに指摘したとおり——モードの衣服の利点でさえある。これらのシニフィエの数は多くなく、それらがかたちづくる世界は狭い[18]。しかしながら、一つのシニフィエがたいていの場合複数のシニフィアンをもっていることを考えても、モードの衣服は驚くほど豊富な形態をそなえている。なぜそういうことになるのだろうか。

ここでモード雑誌はシニフィエをあたえないというその特質そのものを考えねばならない。少なくともそれは明示的なシニフィエをあたえない。シニフィエはいわば「空中に」とどまっているのだ。たとえばモード雑誌は、一つのドレスブラウスの特徴をならべて描いてみせるが（黄色に白い水玉のポプリン、首まわりとポケットにはギャザー、等々）、これらの特徴がいかなる概念にかかわるものかは言明しない。まるでシニフィエが欠如しているかのようである。だがそれは見かけだけのことにすぎない。モード雑誌がコメントなしに記述するケースは実に多いが、そのすべての場合において、再確立しなければならない何かのシニフィエがあるのだ。そして、そのシニフィエとはモードそれじたいなのである[19]。したがって、見たところ欠如しているかのようなこれらの方程式は意味で充満しているのである。語られたもので無意味なものは何一つないのだ。

というわけで、モードもまた他のものと同様に変わらないシニフィエなのである。唯一の違いは、他のシニフィエは挿話的で必ずそれと名指しされていることである。ところがモードというシニフィエは、不変なのである。そこには三つの様態がある。まず、あからさまに名指しされているケース（「ブルーが流行です」）。中継役をはたす微細なシニフィエに支えられているケース（「アクセサリー＝春」「＝モード」[20]）、名指しされてもなく、中継されてもいないが、暗示されているケース（「黄色のポプリンのドレス」等々）。それは普遍的なシニフィエなのだ。記号論理学の表現を借りるなら[21]、暗示であれ何であれ、衣服の言語活動すべての公式にとって、モードは意味作用の道筋となっているといえるだろう。

(16)　というわけで、モード雑誌はこの書かれたメタ言語のなかで、モードというシニフィエの等価物をあたえてゆくのだが、モードというこのシニフィエは、文字通り、必要にして十分な、無二のシニフィアンをとおして展開されてゆく。必要にして十分なこのシニフィアンを、わたしは記されるものと呼ぶことにしたい。すべて記される特徴、とりあげられる形態、要するにすべての衣服の断片は、引用されるやいなや、モードというシニフィエにかかわるものとなる。したがってわたしは、モード雑誌によって語られるものすべてをシニフィアンの潜在的特徴だととらえることができる——いや、とらえねばならないのであり、これら記されたものでシニフィアンの素材を形成し、形態別等級のリストを組みたてなければならないのだ。もともと、これらはそこに容れられるにふさわしく、純然たるモードというシニフィアンの記録は、より特殊なシニフィアンの記録とほぼ一致してゆくことだろう。こうして非常に広く、しかも均質な目録が保障されることになる。

(17)　このような（シニフィアンの形態の）目録を網羅的にできるだろうか？　まず想起すべきなのは、研究対象が純粋に共時的であることである。というのも、問題にするのは一年のあいだに確認された形態の特徴だからだ[22]。次に、調査するものはモデルであって、平均値ではない。ひとたびある特徴が登録されてしまえば、それが現れる回数を数える必要はないのだ。頻度の高い特徴が、稀にしか現れない特徴よりも意味作用が大きいわけではないからである。シニフィアンを作るのは量ではなく、他の形態との関係なのだから。

こういうわけで、ほどなくシニフィアンの形態目録は飽和点に達するだろう。だが実際には、飽和しきることは決してない。ただし一般的構造がきちんと確立されてしまえば、何であれ、ある形態が予測不可能になることは決してない。たしかに新しい記号に出会う可能性はつねにあるが、ひとたび形態の等級が確立すれば、その記号が、他の記号のうちのどれか一つ、あるいは幾つかの記号のどれにあずかっているか、難なく明らかにできるからである。
(18) それというのも、モードの「刷新」は本質的にうわべの組みあわせの新しさに依存していて、特徴の新しさに拠るのではないからである。「衣服素」の数は限られているのだ(しかも、おそらくたいした数ではない)[23]。だから、それらの組み合わせの数も同様に限られている。しかもその数はさらに減ってくるはずなのだ。というのも、両立不可能の法則があるから、ありえない組みあわせというものがあるからである。実際のところ、およそモードの神話学は形態の豊富さ(「気まぐれ」「趣味」「創発生」「直感」「つきない刷新」)によって成立しているものだが、そうした豊富さは実は幻想にすぎない。そのような幻想が成立するのは、共時性が非常に短いので、組みあわせの働き——ほんの少しの働きで十分なのだが——が、形態をめぐる人間の記憶を容易に越えてしまうからである。いずれにしろ、たとえミクロ通時的な尺度であっても、モードというものが、限定されて本質的に計測可能な諸形態の秩序として現れるには、数学的記憶装置(モード制作機のようなかたちの)[24]をうちたてるだけでよい。たえざる新奇性の称揚に全面的に依拠しているモード産業にとっては不都合な真実だが、だからこそ、あるイデオロギーがいかにして現実を変容させるかを理解するには有益な真実なのである。

Revue Française de Sociologie, Nº 2, 1960/4

原注

（1） わたしがここで指しているのは、着られている服（たとえそれが流行中の服でも）ではなく、言葉で紹介されたり、図版が載っていたりする、モード雑誌に掲載された女性の服にかぎられる。このような服は、一つの「ユートピア」と呼びうるかもしれない。

（2） 「～だから」という表現はモードという文学が好んで使う接続詞の一つである。等式を因果関係に変えたがるモード雑誌のやりかたと、記号論理学のその逆のやりかたには奇妙な類似がある。後者は「なぜなら」とか「～のために」といった接続詞に真実があるとは認めずに、それらを論理計算から遠ざける。それというのも――まさにそれこそモード雑誌の特質だが――それらはあまりにも経験的だからだ。純粋に記号学的見地にたってみるとき、次のような（仮につくってみた）例をみれば、シニフィアンとシニフィエの因果論的（ないし目的論的）関係の虚偽性がはっきりとわかる。あるパイプのブランドの広告イメージがあったとしよう。「わたしは静かだ、わたしは強い、わたしはパイプを吸う」といった類の広告文がついている。二つの因果関係を逆にしても、同様のインパクトがある。「わたしはパイプを吸うから静かだ」、「わたしは静かだからパイプを吸う」。ここには意味的な関係しかないのである。

（3） 確かに、シニフィアンは言語記述によって伝えられることが多い。けれどもこれはイメージの代用品にすぎない（その証拠に写真や図版は大変重要であって、言葉はそれを裏打ちするにすぎない）。これにたいしてシニフィエは分節言語以外によっては決して存在しない。

（4） *Mythologies*, Paris, Seuil, 1957.〔『神話作用』篠沢秀夫訳、現代思潮社、一九六七年〕

（5） この種の指示詞は、明らかに古典的な文法では分類されていないだろう。以下の著作中、著者たちが名詞的実詞の提示的基盤と呼んでいるものにかんする章にもっと役立つ解説がある。Damourette et Pichon, *Essai de grammaire de la langue française*, 1911-1927, d'Artrey (tome I, ch.

VI)

(6) 一つの構造をシニフィアンから記述することと、シニフィエから記述することとは、同じことではない。シニフィアンは、いわば発生論的に、シニフィエから生まれてくるのだろうか？　それとも逆に、シニフィアンの内発的組成があるのだろうか？　次の著作が見事なかたちでこの問題を提起している。B. Mandelbrot, *Logique, langage et théorie de l'information*, Paris, PUF, 1957, p. 63.

(7) これらの衣服の形態素について、クロード・レヴィ＝ストロースのいう「神話素」にならって、「衣服素」という呼称を提案したい。

(8) まだ対立の目録を完全には作成していないので、それらの対立が二項対立なのか、さらに複雑な対立なのかはわからない。

(9) 比例関係というのはシニフィアンの不連続な性格とはなじまない概念である。だがシニフィエの方はしばしば数量化される。たとえば、「多少ともフォーマルなアンサンブル」「はてなく広がるファンタジー」というように。

(10) 構造的目録が服の着こなしを取りあげるのは、もっぱら制度化された着かたが問題になる場合だけである。ここでもまたラングとパロールのソシュール的区別が浮上してくる。言語学者がラングの事象にしか関心をしめさないのと同様に、衣服の記号学者は規範的な特徴しか記憶にとどめない。モードの服は、着られたことがない服なので、純粋状態の制度的衣服であるという方法的利点がある。

(11) この対立については、すでに中立項（開かれてもなく、閉じられてもない襟）を予想できる。（ある種のマントの）「つきあわせ」がそれだ。といっても、実際には「つきあわせ」は「巻きつけ」との対立で明示されるので、四項からなる機能が問題だということだろう。すなわち、「巻きつけ／閉じた／開いた／つきあわせ」の四項である。

(12) いかなる尺度で緑は赤の対極なのだろうか。第三項あるいは中立項（緑でも赤でもない）の存在がこの二つのものの極性を強調しているのかもしれない。

(13) 衣服の技術的母形とその記号作用との関係は、原注(6)で提起された問題と通じている。

(14) モードの記号作用の組織化とデパートのカタログの衣料品の分類を比較してみるのはきっと有益にちがいない。こうした分類論に関しては、ジップ[*4]とエルダンに続いて、前述のマンデルブロートが研究をすすめている。

(15) 衣服の一部を規定するための「支持項」という基準は、民俗学から来ている。(A. Leroi-Gourhan, *Milieu et techniques.* p. 208 *sq.*)。それでも、西洋の服の限界から来るわずかな点をのぞけば、衣服の意味作用の基準と合致しないわけではない。

(16) 部品のレベルでは、存在、欠如という対立を予測しうる。たとえば、肩の部品があるとして、E+(女性用)E-(男性用)といった風に。

(17) 衣服の構造分析の困難の一つは、それが二次元になっていることに由来する。さまざまな服の部分は、水平軸と垂直軸の両者に配置されており、厚く高く積み重ねられているのである。わたしは、部品の垂直の積み重なり（たとえば、帽子、スカーフ、上着、スカート、靴）を「地層」と呼び、水平の重なり（たとえば、紳士服のアンダーシャツ、シャツ、上着、コート）を鉱脈と呼ぶことにした。当然ながら、「地層」の方が「鉱脈」より記号学にとってはずっと重要である。なぜなら記号学はそもそもからして自明なものをあつかうからだ。問題が複雑になるのは、①幾つかの「鉱脈」は部分的に現れる（ワイシャツの首まわり）、②「鉱脈」は一定していない（だからこそ、商品と服の部品を区別するのがあれほど重要なのだ）。たとえば、上着は外側の部分でもあれば、内側の部分（コートの下）でもある、といった事情である。それでも、部品は、それが属している地層（支持項）と、それが一部をなしている鉱脈とによって完全に定義できる。

(18) シニフィエそのものが、都市／田舎、フォーマル／スポーティ、昼／夜といったタイプの大きな機能によって分類されているのかもしれない。

(19) 当然ながら、モードは時間的意味に理解されねばならない。ブレザー＝春、今年。

(20) もっと近く、「心理学的な」シニフィエそのものが、状況的なシニフィエの中継点になる場合もある。着やすいというシニフィアンを介して、あるコート＝旅、という風に。

(21) R. Blanché, *Introduction à la logique contemporaine*, Paris, A. Colin,1957, p. 138.

(22) 厳密な共時態（一年間のモード）と、リチャードソンとクローバーが研究したようなもっと幅広い通時態との間に、ミクロ－通時態の研究も考えられる。たとえば、数年間にわたる「衣服素」の変化、たとえばスカートの長さの変化などを構造的にとらえようとするような試みである。このようなミクロ－通時態の研究が可能なのは、モードの意味作用が（言語とは逆に）使用からではなく、規則に由来するからである。

(23) あらためて言っておくが、ここでは「衣服素」の等級を論じたのであって、「衣服素」そのものを論じたのではない。その目録には体系的分析が必要である。

(24) 仮にシリーズ製品が一定数の「衣服素」の処理によってできるのであれば、それは、サイバネティックスの用語で言う、「一連の異なる操作（音素）にかんする長期計算」である機械の観念に通じている。（Mandelbrot, *op. cit.*, p. 44）

訳注

＊1 本論で用いられている記号学の用語については、以下の訳語を採った。（［ ］内はよく訳語にあてられる語）。

signifiant ［記号表現］＝シニフィアン　signifié ［記号内容］＝シニフィエ

signification＝意味作用、記号作用　sens＝意味

syntagme＝統辞、連辞　paradigme＝範列

＊2　バチスト　麻や綿に薄く透明な加工をほどこした高級素材。一八世紀に発案されて現在も使われている。

＊3　ルイス・イェルムスレウ（一八九九―一九六五）デンマークの言語学者。体系的な言語学をめざしてコペンハーゲン学派を創立する。トグビュ（一九一八―七四）もこのコペンハーゲン学派で活躍したデンマークの言語学者。

＊4　アメリカの言語学者ジップ（一九〇二―五〇）はテクストに出現する言葉の頻度を統計的に調査し、その頻度の法則性をさまざまな分野に応用した。ジップの法則で知られる。

10　モードと人文科学

『エシャンジュ』誌インタビュー

モードとは、はじめは模倣不可能に見えたものを模倣することにある。一見逆説的なこのメカニズムは社会学の関心をかきたてる。というのも社会学は、主として近代の技術的、産業的社会にかかわっているからであり、モードは歴史的にみてまさにこれらの社会に特有の現象だからである。モードのない民族や社会が存在していることに留意すべきであろう。たとえば古代中国では衣服が厳密にコード化されていて、ほとんど変動がなかった。モードの不在は社会全体の不動性に呼応している。

文字のない社会のモードというのは、ほとんど研究されていないが、たいへん興味深い問題である。これは、諸文明の出会いをあつかう社会学の問題である。アフリカの新興国のような国々では、土着の伝統衣装、モードをまぬがれた不動の衣服が、西洋からやってくるモードという現象と衝突をおこすのだ。そこでさまざまな妥協が生じるのだが、ことに女性の衣服にそれが著しい。土着の衣装の基本的なパターンや類型やフォルムは、衣服のシルエットや形、あるいは色彩や模様のタイプのうちに継承されることが多いが、西欧のモードのリズムに影響されて、毎年変わる流行にそまったり、細部が新しくなったりする。こうした事実の興味深い点は、モードに依拠していなかった衣服文化がモードという現象と出会うところにある。このことからしても、モードは、個々の衣服の形に結びついている問題ではなく、むしろ、もっぱらリズムの問題であり、時間的テンポの問題なのだと結論づけてもよいのではないだろうか。

モードは社会学者より歴史家にたいしてはるかに深刻で逆説的な問題を提起する。ジャーナリズムやコラムニストによって支持され広まっている世論は、モードをクチュリエの創発性によって生まれる本質的に気まぐれな現象だと思いこんでいる。世論からみれば、いまだにモードは体系性や規則性をまぬがれた自由な創造の神話学のうちにあるのだ。枯れることなくおのずと湧き出てくる創造力という、結局はロマンティックな創造の神話。クチュリエたちは無からすべてをつくりだすと言われていないだろうか?

歴史家、いや正確には民族学者はモードのこうした創造的な側面をあつかってきた。著名なアメリカの民族学者クローバーは、グラビア雑誌の複製版画にもとづいて、およそ過去三百年にわたる西洋の女性の夜会服を徹底的に研究し、豊かな成果をあげた。彼はもともとサイズがちがっていたイラスト画の大きさをそろえ、この作業によって、モードの特徴がもつ定数の研究を可能にしたのである。その研究は直感的でも近似的でもなく、精密で、数学的、統計的な研究である。彼は女性の衣服を幾つかの特徴に還元した。スカートの長さと幅、デコルテの開きぐあいと襟ぐりの深さ、ウエストの高さといった特徴である。[1]彼は確かな方法にもとづき、モードが年単位の変化のレベルではなく、歴史の尺度のレベルで非常に規則正しく変化する現象だということを明らかにしたのである。

実際、ここ三百年の間、女性の装いは正確に周期的な変動の波に従ってきた。その形は、五十年ごとに変化の極地に到達するのである。仮に、ある一定の時期にスカートがもっとも長くなったとすれば、その五十年後には最も短くなる。同様に、スカートが短かくなった五十年後、すなわち長くなった百年後には再び長くなるのである。

くわえてクローバーは、たとえばスカートの長さとデコルテの開きがそろって規則的に変化することをも明らかにした。それというのも、モードのリズムの影響をうけて、幾つかの特徴は連動して変化するからである。

ここで歴史家クローバーは、実に興味深い問題に直面している。それは、ある特殊な文化システムが歴史的決定論をまぬがれているかのようにみえるということだ。たとえば、西欧は三百年の間に幾多の体制の変動や革命、イデオロギー、感情や宗教等々にかかわる激動を経てきた。ところがこれらの重大な歴史的事件は、モードの内容そのものにもリズムにも、何一つ影響を及ぼさなかったのだ。フランス革命はモードのリズムを真に覆すことはなかったのである。ハイウエストと執政政府時代との因果関係を、どんな理屈づけでもよいから合理的に説明できる者は誰一人いない。せいぜい歴史的大事件にできるのは、モードの絶対的に規則的な回帰現象を早めるか遅らせるかぐらいのことである。

男性の衣服は、女性の衣服とは少しちがった歴史を有している。現在の西洋の紳士服の一般的形態（ベーシックパターン）は、一九世紀初頭、二つの要因の影響のもとに確立された。一つは、イギリスから渡ってきた形態的要因である。紳士服の起源は、クエーカー教徒の服装（質朴で、くすんだ色彩のボタン掛けの上着）から来ている。社会の民主化は閑暇を蔑視し、労働の価値上昇を招きよせ、男性たちの間にイギリス起源の自尊心を広めた。一八世紀のイギリスかぶれの風潮により、フランスにあっても、自制心が、厳格で束縛が強く自閉的な紳士服の形に表れた。この衣装が階級差を無くしたのである。

それまでは、どの社会にも、貴族、ブルジョワジー、農民のいずれに属するかによってまったくちがった、完璧にコード化された衣服が存在していた。こうした紳士服の多様性は、民主化という要因のための唯一の衣服によって消滅した。けれども、一九世紀初頭の社会階級の廃止が見せかけのものであったように（というのも、こうした社会階層は存続したのだから）、上流階級の男性たちは大衆からみずからを区別しようとしたが、衣服の形態は変えようもないので、細部だけの変化を余儀なくされた。そこでかれらは、いささかも民主的でない、新たな概念をうみだした。それはディスタンクシオンと呼ばれているが——幸いにもこの語は曖昧であった。大切なのは社会的に卓越することだった。世に優れた者は、「卓越した《ディスタンゲ》」者であったし、現在でもそうである。ここから、細部の洗練を極めるダンディズムが生まれてくる。一九世紀の男たちは、上着の型は変えようがないので、襟飾り《ネクタイ》の結びかたとか、手袋のはめかたなどで大衆からの卓越を示したのだ……。

これ以来、紳士服は変容の名に値するような変化を経ていない。ただし、現在、一つの新たな現象が現れている。若者たちのモードが形成されたことだ。かつて、若者たちは、いや子供でさえ、歳に合った衣装を着ることはなかった。子供は大人とまったく同型の小さいサイズを着ていた(2)。ところが、まずはじめに子供服というものが現れ、次には若者向けのモードが出現したのである。このモードはきわめて横暴で、帝国主義的なまでの成長を遂げた。したがって現代は男性服を若者のモードのレベルで研究しなければならない。

この分野では、ミクロ社会学的現象、すなわちミクロ‐モードがある。このモードはおよそ一年おきに変化する。かつてはブルー・ジーンズ、黒のブルゾン、革のブルゾンがあったが、今はロッカーのモードだ。アルフレッド・ミュッセ式にジャケットのウエストを細くしぼって、長髪にする……こうしたモードはもっぱら若者や未成年者の間に見うけられるものだ。

衣服は——モードではなく、衣服の話だが——三つの持続、三つのリズム、三つの歴史を経験してきた。

　現代の歴史学の発見の一つは、歴史的時間が線的でも単一でもないことを明らかにしたことである。歴史は、持続時間の異なる幾つかの時間の重層からできているのだ。絶対的に一回的な出来事もある。もっと長く続く状況もあり、これは情勢と呼ばれる。さらに長く続く持続が構造である。

　衣服もこれら三つの時間を経験している。もっとも長期にわたる時間においては、その文明の原型的な衣服が着用されていた。何世紀もの間、地域間の交流もなかった時代には、オリエントの人々は寛衣をまとい、今もまとっている。日本ではキモノを、メキシコではポンチョをまとった、という具合だ。これらはベーシック・パターンであり、文明の基礎になるモデルであった。こうした時代のうちにも、多少のヴァリエーションはあったが、これは完全に規則的な変化であった。第三の時間ともいうべき現代は、一言でいうならミクロ-モードの時代と呼べるだろう。この時間は、原則として毎年モードが変わる現代西欧社会に著しい。実際、こうした毎年の変化はモデル全般に影響をあたえるというよりむしろジャーナリズムやマーケットにたいしてはるかに大きな影響をあたえている。歴史的にみれば、大きな規則的リズムに吸収されているのだが、われわれは毎年の形の変化を過大評価する一種の錯覚に囚われているのである。

　もしもある日、二百年ごとに交代する完璧に規則的なモードのリズムが変わるようなことがあれば、問題が生じることになるだろう。ふつうなら、女性のドレスの丈は十年か二十年後にいちばん丈が短くなり、その後はっきりと長くなってゆく過程を経たあと、明らかに短くなる過程を経て、またしても長くなるサイクルを繰り返す。このリズムが狂って、スカート丈が短いままにとどまることも想像できないではない。こうした現象を研究して、モードの大きなリズムの狂いを、今日の文明史のなかの何かと比較してみるのも面白いだろう……。

もしもクローバーの言うリズムが変調をきたすとすれば、その原因は、おそらく文化や服装や食物の大衆化とグローバル化現象であろう。文化的な事物が一種の均一化をきたし、これほど強烈な混交にさらされれば、モードのリズムが狂ってしまうかもしれない。そうなると新たなモードの歴史が始まるのだろう。

リズムが変化するのは誰のせいでもない。「モードはアメリカからやってくる」という表現はきわめて曖昧である。というのもそれは正しくもあれば間違いでもあるからだ。モードの曲折とともに起こるモードの変化には起源がない。変化の原因は、人間の精神と、世界のなかの形態の循環の二つを動かす形式的法則にある。これとは逆に、モードの内容の起源は特定することができる。たとえばある俳優なり女優なりの髪型やドレスの着こなしなどといった、過去に存在した何らかの形態や細部については、それがどこに由来するものなのか、起源をつきとめることができるのだ。起源というこの問題から、モードをコントロールするという考えかたが生まれているが、こうした複雑な問題は副次的で、社会学が直接関与するものではない。

若者たちの間に長髪が流行しているのはビートルズのせいだ、と社会学者に言わせたがっている人々がいる。確かにそれは正しいが、そこから現代の若者の性格づけをしたり、長髪から女性的な特質や怠惰な傾向を導き出してきたりするのは誤りであろう。髪が長いのは、その前に髪が短かかったからだ。こんな風にいささか乱暴に考えをまとめてしまうのは、わたしがモード現象を形式的に解釈する立場に立っているからである。本当は自然でないのに自然なように見える事実内容をさしはさむのは、ひとをペテンにかけるようなものだ。衣服をテーマに語る者はつねに心理学的な関係づけをしたがるものである。衣服の女性化についてあれこれ語ったりするのはむなしいことではないだろうか。もともと衣服の女性的特徴などありはしない。あるのはただ、さまざまな形態の循環と規則的回帰現象だけである。

衣服をめぐって問題になるもの、それは身体や容姿の意味作用である。すでにヘーゲルが、衣服は身体を有意的なものとし、衣服のおかげで身体はただの感覚対象から意味作用へと移行することができると語っている。精神分析学者もまた、衣服のもつ意味をあつかった。フリューゲルは衣服の分析を手がけた(3)。彼の依拠したフロイト的仮定によれば、衣服は人間にとって一種の神経症のような働きをする。というのも、神経症が徴兆やシンボルをあみだして、言いたくないことを隠しつつ同時にそれをあらわにするのとまったく同じように、衣服は身体を隠すと同時に見せるからである。衣服は、われわれが恥ずかしくて頰を赤らめるときに感情を表に出してしまう現象にどこか通じていると言っていいだろう。われわれは頰を赤らめる。われわれは、自分の困惑を隠そうとするまさにそのとき、感情をあらわにしてしまうのである。

衣服は人間の全人格、全身体にかかわり、人間と身体との関係のすべて、身体と社会との関係のすべてにかかわる。だからこそ大作家はその作品のなかで衣服に注意を払ってきたのだ。バルザックやボードレール、エドガー・ポー、ミシュレ、プルーストの作品には、このテーマをめぐる見事な文章が見うけられる。かれらは、衣服がいわば人間存在をそっくり巻きこむ要素であることを予感していたのである。

哲学的見地からは、サルトルがこの問題をあつかっている。彼によれば、衣服のおかげで人間は「自由をひきうけることができ」、自分がこうあろうと選択した存在になることができる。たとえ、そうして選んだ存在が、自分ではなく、他者が選んだ存在であっても事態は変わらない。世間はジュネを泥棒にした。そこでジュネは泥棒であることを選んだのである。衣服は、こうしてジュネの身に起こった現象にきわめて近い。このように衣服が作家や哲学者の関心をひくのは、衣服と人格が、たがいに他の成立にかかわっているからであるらしい。つまり人格はモードをつくり、衣服をつくるのだが、その逆に、衣服もまた人格をつくるのである。確かにこの二つの要素の間には弁証法がある。この問題にたいする深い答えは、人間一人一人の実践の哲学にかかっている。

一八世紀には、衣服について多くの書物が書かれた。どれも衣服を記述した書物だが、その記述は明らかに、しかもきわめて意識的に衣装のコード化の上に成りたっていた。すなわち、かくかくしかじかの型の服は特定の職業や社会階級に結びつき、特定の都市や地方に結びついていたのだ。衣服は一種の言語や文法のようにみなされており、衣服のコードが存在したのである。だから衣服というものは、事物に意味をあたえるあの生き生きとした活動の一部をなしていたことがわかる。どんなときにも、衣服はコード化の対象だったのである。

このように言うことは、一見うなずけるあの伝統的視点に対立することになる。つまり、人間は次の三点のために衣服を考案したという視点である。すなわち、不順な天候から身を護るため、裸体を隠す羞恥心のため、人に見せつける装飾のため、という三点だ。この視点も妥当性があるにはちがいない。だがそこにもう一つ別の機能をつけ加える必要がある。わたしにとってはこの方がはるかに重要なものに思われる。すなわち、衣服は意味作用をはたすのである。ひとは、意味をうみだす行為のために服を着るのだ。衣服の着用は羞恥心、装飾、保護の理由をこえて、本質的に意味作用の行為なのである。それは意味作用の行為であるからこそ、社会の弁証法のただなかに置かれた、根本的に社会的な行為なのだ。

Echanges, Revue publiée par les Sœurs Auxiliatrices, Assomption［聖母被昇天祭号］1966,《Regard chrétien sur le monde d'aujourd'hui》

原注

（1） Kroeber et Richardson, *Trois siècles de mode feminine*.
（2） クローバーとリチャードソンによる変化の考察。
（3） Flügel, *Psychology of Clothes* (*La Psychologie des vêtements*).

11 『モードの体系』について

『モードの体系』刊行に際してのフレデリック・ゴーサンとの対談

『モードの体系』は記号学についての「方法論の書」として紹介されています。記号学とは何か、お教えいただけますか？

記号についての一般的科学が存在することを初めて提示したのはソシュールで、彼はそれを記号学と呼びました。彼は言語学がこの科学の単なる一部になるだろうと考えていましたが、はたしてその後、言語学と社会科学が発展しましたので、こうした記号学の企てはさらなる進展をみました。その結果、人間が使っている文化的対象の多くがコミュニケーションの体系を形成し、したがって意味作用の体系を形成しているのだという確信にいたりました。語の広い意味での文化全般が意味作用の科学の手中にあるといえるのです。一見きわめて実用的に見えるもの——食品や衣服、住宅——さらには、たとえば文学とか——そのよし悪しはともかく——、新聞のコラムや広告などのように、言語を支えにしている事象ならなおさらのこと、記号学的な分析をひきよせるのです。

言語活動とはまったく別の記号を見分けることができるでしょうか。

もちろん、ごく初歩的な体系をあげることができます。道路標識や飛行機の着陸標識などですね。けれどもわたしとしては、非言語的な記号の研究は一つの抽象であり、ユートピアだと確信しています。現実の文化が提起するのは、かたちはさまざまですが、みな人間の言語活動がしみついたものばかりですから。描写、コメント、会話……。どれもみなそうですね。われわれの文明はイメージと同じくらい書かれたものによってできている。書かれた言語は、抽象化とか認識とか意味の選択というきわめて明確な機能をもっています。純粋にイメージだけの文明に生きるのは、ある種の不安をかきたてることでしょう、イメージはつねに複数の意味をそなえていますから。だからこそ新聞の写真には必ず説明文がついている。意味の多様性にともなう危険を少なくするためです。

あなたの研究は、一種のパラドクスの上に成り立っているように思われます。実際、モードは実に多様な表現体系を活用しています。特にイメージを使いますね。ところがあなたは言語によって書かれた衣服の描写に研究を限定されました。『エル』や『ジャルダン・

デ・モード』といったモード雑誌に見られるような衣服の描写です。なぜこれを選んだのでしょう?

はじめは、誰もが街で着ているような現実の服を研究しようと考えていたのですが、あきらめたのです。実際、モードは複雑です。素材や写真や言語といった多岐にわたる「実質」がかかわっていますから。ところで、応用記号学の仕事はいまだ存在していません。ですから、方法論の問題を深める必要がありました。そういうわけでわたしは、分析するのにできるだけ「純粋な」対象、つまり唯一の「実質」にもとづいた対象を選ぶ方がよいと思ったのです。そこでわたしはモード雑誌類に書かれている文章に映しだされたモードの衣服を研究することにしました。わたしがあつかったのはもっぱら衣服の描写だけ、すなわち言語へ転換された事物のみです。

もともとこの研究は、記号学全般を視野に入れたプロジェクトの始まりともいうべきもので、文明の文化的諸体系をすべて対象におさめることになるはずでした。衣服、食品、都市というような。けれども、新しく進展した研究に推されて、こうした記号学のプロジェクトじたいも進化し、なかでも取りあげる対象を問題視するようになったのです。たとえば、食品の記号体系を構成してよいものだろうか、と。モードをあつかう本書はきわめて限定されたものですが、モードの衣服と呼ばれる対象がはたして存在するのかどうかという問題を提起しているのです。

事実、この『モードの体系』は、二つの体系から構成されていますね。

そのとおりです。単純なメッセージ——流行のドレスの描写——のうちに幾つもの意味の体系の重層があることを探知することが課題になっています。一方に、「衣服のコード」と呼びうるものがあって、幾つかの着衣の仕方を規則化している。その一方で、レトリック、すなわちジャーナリズムがこのコードを表現する独特の仕方がある。しかもこのレトリックはそれじたいが一定の世界観やイデオロギーにかかわっています。記号学的分析は、イデオロギーを意味の一般的体系のなかに位置づけることができるのです。といっても、個々のイデオロギーの記述の問題は別の学問に属していますから、それより先にはすすめませんが。

このレトリックについての記号学的分析には、いかなる客観的保証があるのでしょうか。

いうまでもなく、レトリックの分析は、研究者も読者としての自分の感情に頼らざるをえません。実験にもとづいて研究をする実証主義者の習慣を逆なでするかもしれませんが。

言語を研究しはじめると必ずこの障害に突きあたるのです。自分の読解力、直感的理解力よりほかに言語の「証明」などありません。言語を対象にした分析を証明しようとすると、必ず、言語を話す者の「言語感情」にもどらざるをえないのです。いずれにしても、分析している言語にたいするわたしの外在性はさしあたりのものでしかありません。わたし自身の記述そのものが今度はさらに大きな一貫性のある別の解釈体系の分析対象になりうるわけです。わたしは記号学を正しい分析法だと思っていますが、この正しさそれじたいが別の言語の対象になりかねません。わたしが記号学にたいして抱いている感情は実証主義的なものではなく、むしろ歴史的なものなのです。

あなたの研究は、いわば記号学の統辞論のように見えます。単位をつくり、規則とカテゴリーをつくろうとしておられる。こうした方法論には普遍的価値があり、どんな対象にでも適用できるとお考えですか。

こうした手続きは、もともとオリジナルなものでなく、言語学に由来するものですが、今のところ、発見の方法として普遍的価値をもちうるものです。その手続きとは、単位に分割し、それらを分類し、その結合の規則を調べるもので、文法学者の方法と同じですね。いうまでもなく対象が変われば方法そのものも変わらなければなりません。分類もちがったものになるでしょう。

分析なさって、モードにどのようなイメージを抱かれましたか。

タイトルに『モードの体系』とかかげたのは、挑発ではありません。わたしにとってモードとはまさに体系なのです。即興とか、気まぐれとか、ファンタジーとか、自由な創造とかいった神話とは逆に、モードは強固にコード化されているのがおわかりかと思います。モードとは一つの結合術であって、その貯蔵庫は有限の要素と変換規則から成っているのです。毎年のモードの特徴のすべては、文法と同じように制約と規則をもった特徴の総体からとりだされるのです。それらは純粋に形式的な諸規則なのです。たとえば、許容される衣服の要素の結合があるかと思えば、他方には禁止される結合もあるわけです。わたしたちの眼にモードが予測不可能なものに見えるとしたら、それはわたしたちが非常に短い人間的記憶のレベルに身をおいているからなのです。歴史的次元にまで記憶を拡大してみれば、とたんにきわめて奥深い規則性が発見されるのです。

わたしが分析からひきだしたモードのもう一つのイメージは、もっと倫理的なもので、わたし自身の関心にいっそう深いかかわりのあるものです。わたしには二つのモードがあるように思われました。一方でモードは、着かたや特徴、季節、機能などを、書かれた衣服に一致させようとつとめている。「イブニングのためのドレス、ショッピングのための、春のための、女子学生のための、女の子のためのカジュアルなドレス……」等々。この場合、モードの恣意性は、合理的で写実的な語彙の下にかき消され、隠されています。モードはだましているのです。社会的ないし心理的アリバイのもとにモードは身を隠している。

他方で、もう一つ別のモードの見かたがあります。こちらの方は、これまでの等価の体系を志向せず、純粋に抽象的、あるいは詩的な機能を確立しようとするものです。遊惰でラグジュアリーなモードですが、みずからを純粋な形式だと宣言しているメリットがある。この意味で、こちらのモードは文学に結びつきます。この二つの結合の感動的な例をあたえたのがマラルメでした。彼は自分一人で『最新流行』というささやかなモード雑誌を編纂したのです。この雑誌は、本物のモード雑誌の様相を呈しており、才能は別として、『エル』に見られるようなドレスの描写を載せています。だが同時にこれらの描写は著者マラルメにとって、無にもひとしいものとか、他愛ないものとか、空虚といったマラルメ的テーマをめぐる、深い、ほとんど形而上学的な試作でもある。それは、馬鹿げたものではない空虚、一つの意味として構築された空虚なのです。

序文で、この研究は「すでに時代遅れ」だと指摘しておられます。どうしてそうお思いになるのですか。

この研究は、さまざまな操作概念——「記号、シニフィアン、シニフィエ」のような——に拠ってたっていますが、これらの概念は、ここ数年のあいだで、レヴィ＝ストロースやラカンなどの研究によって、異議をはさまれたとはいわなくても、少なくとも相当な修正を加えられています。これらの語彙は今や見なおされているわけです。意味にたいする考察は豊かになり、それとともに意見も分かれてきました。対立が生まれているのです。こうした見地からみると、わたしの研究はいささかナイーヴな面があります。「野生の」記号学なのですね。とはいえ、弁護のために言っておきますと、いささか類型化したこれらの概念は、マスカルチャーに浸かっている対象、つまり一定の疎外に浸かっている対象にはぴたりと当てはまるのです。大衆社会はつねに、限定された意味、名づけられ切りとられた意味によりかかろうとしますから。だからこそ、わたしが援用した類型化した概念は大衆社会を記述するのにもっともふさわしいのです。それは、人間心理の深みで生起していることを考察するには単純すぎる概念にちがいありませんが、われわれの社会の分析となると、がぜん有効性を発揮するのです。

Le Monde, 1967/4/19

12 『モードの体系』 セシル・ドランジュとの対談

このたび上梓されたご著書のタイトルの『モードの体系』は、挑発的とは申しませんが、少々期待を裏切るものです。読者は『神話作用』のようにぴりっとした批評か、でなければ社会学的発想の分析があるのかと思います。ところが全然そうしたものは見あたりません。実際これは実に生真面目な学術的著作でして、多くの箇所で記号論理学入門とか、自分の幼年期の文法的分析とか、正直申し上げて気にそまないものを思い浮かべてしまいました!

何よりまず申しあげたいのは、タイトルは挑発ではないということです。わたしの企てはモードについて新しい見かたを提供することではなく、それよりも一つの研究の仕事をたちあげたかったのです。もともとこの仕事は、現在飛躍的に進んでいて「構造主義」の名で呼ばれている諸研究の一部をなすものです。一定のきわめて厳密な方法によって、古代社会、テクノロジーの発達した現代社会を問わず、そこにあるさまざまな社会的対象や文化的イメージ、ステレオタイプなどの構造を再発見しようとする思考法や分析が重要なのです。

わたしとしては、現代社会のこうした事象として——ここでかなり曖昧な用語に頼らざるをえないのですが——日常品の総体を考えたのです。食物が問題ならば食料のこと、住まいが問題なら住宅、交通なら街路や街、そして衣服ならモードというように。

要するに、モードの体系を構築なさったのと同じように、「住宅の体系」とか「食物の体系」などといったものも構築できたかもしれないというわけですね？

これらの「事象」がそれぞれ異なる明確な機能をもっていることは以前から知られていましたが、現代では、それらが同時にまた人間にとってコミュニケーションの手段であり、意味作用の運び手であることもよくわかっております。記号の一般的科学があることを初めてうたったのは、ソシュールです。彼は言語学がこの科学の一部にすぎないだろうと考えていましたが、彼の提唱はその後の言語学の進展によって活性化されました。人間の言語作用の科学である言語学は、現在みごとな構築をとげた科学で、構造主義のモデルになっています。この言語学の概念や規則や記述を、もはや分節言語ではない事象に応用することが大事なのです。ある言語の文法を知ろうとすれば、言語が従っているものの分析が必要になりますが、同じようにこれらの事象全体を従わせているものの分析が問題なのです。

モードについて申しますと、あなたは分析の対象を、モード専門誌に載っているような女性の服について書かれた記事に意図的に限定し、それゆえ書かれたモードの記述に限定されました。ところが、ここでわたしはこうしたモード雑誌がターゲットにしている大勢の女性の一人として言わせていただくのですが、女性にとってはイメージほど雄弁で説得力のあるものはありません。もしそのイメージにテクストや説明文がそえられていても、それらはせいぜいイメージにたいしてより注意を喚起するぐらいの役割しかありません。もっとよい証拠をあげますと、どんな女性でも、試着せずにドレスを買うような人は誰もいません。別様に言えば、純粋に言葉だけの説得力を越えなければ買ったりしないものなのです。

実際に着られている服が素晴らしく豊かなものであることを否定する気はさらさらありません。わたしが書かれた記述に限定したのは、方法論と社会学の二つの理由からなのです。まず方法論上の理由ですが、実のところモードは幾つかの表現体系を作動させます。素材、写真、言語などですね。ですから、こうして混在する素材を相手にさらに厳密な分析を試みることは不可能でした。イメージから書かれた記述へ、さらにこの記述から再び街中に移行してこの眼で確認できる観察へと無差別に移行していては、精密な分析など不可能だったのです。記号学のやりかたは、ある対象を要素に分割し、これらの要素を形式的な一般的等級に分類して再配分することですから、できるかぎり純粋で均質的な素材を選ぶ方が有利だったのです。それに、わたしの選択がまちがっていなかったと思うのは、現在モード雑誌は本当に普及して、マスカルチャーの一部をなしています。そのことは、ありとあらゆる統計が証明しているとおりです。したがって、モード雑誌に描かれた衣服は、街で目にする衣服にくらべればおそらく現実感がなく、面白みも少ないとお思いでしょうが、集団的想像力の投影として新たな広がりをもつようになっているのです。それはイメージやステレオタイプを伝え、さまざまな要素を集めた一大宝庫になっています。確かに現実感のない、ユートピアに属するタイプの要素ですね。その意味では、映画や漫画、さらには大衆小説にも結びついている。モード雑誌の言いまわしのもとに隠されているのは、女性性のステレオタイプ化したイメージなのです。

そのイメージを記述するのに、抽象と形式的な分析は例外として退けておられます。やろうとお決めになった試みに反して、もし言わせていただけば、なぜこのような違反をなさったのでしょうか？

わたしの試みは、こうした記述が体系のなかでいかなる位置を占めるかを明らかにすることに重点を置くもので、記述それじたいが重要ではないのです。わたしからみればそれは余計なものですから。なぜなら、モード雑誌を読んだり、これまでに読んだものを思い返したりしながら、誰もがこれらの雑誌類に投影された女性の典型的イメージを知っているからです。よく認識していただきたいのですが、それはもともと矛盾したイメージです。それというのも、この女性は最大多数の女性読者を代表するために、一人で全役をこなさなければなりません。部長秘書でありながら、彼女はその年のパーティすべて、また一日のうちのパーティタイムすべてに参加できるのです。毎週末、旅行に出かけ、カプリに、カナリア諸島に、タヒチにと、しょっちゅう旅行していますが、それでいてどの旅でも南仏に出かけてゆく。パスカルからクールジャズまで、何でも好きです。彼女は不貞も不倫もやりません。出かけるのは夫とだけ。金銭の逼迫はけっして口にしません。要するに、彼女は読者がそうであるところの女性であると同時に、こうありたいと夢見ている女性なのです。この点で、モードはかつての若い女性向けの文学と結びついています。つまりそれは、いかなる悪との接触もないように自分の娘を「保護している」母の言語活動なのです。

読者は自分に宛てられたこれらの多様な記号を感じとると本当に信じていらっしゃるのですか？　読者が自分の想像力をかきたてる何かをそこに見出すのは確かにありうることでしょう。けれどもモード雑誌というものは、他のものと同じように商業的営為でもあって、幾つかの例外をのぞいて、女性たちは、雑誌がリードしようと意図しているところまではついてゆかないということを忘れてはなりません。あるアパレルメーカーのグループが数百人の若い女性を対象にアンケートを実施しました。どのような質問なのかまだ全容はわかりませんが、回答の集計がどのようなものか、かなり正確な考えが浮かんできます。彼女たちは「少し」膝上の丈の服を着て、寒いときには、安い毛皮でできたあの「素敵なショート」コートではなく、シンプルなウールのコートを着るのです。ダンスのためには、ドレスを着て、「イブニング・パジャマ」など着たりしない、等々ですね。いわばそれは、雑誌にふりまわされないという協定なのです。

モードの読者は言ってみれば二人の対話者の状況におかれているようなものですね。対話しているときは、自分たちが何を言おうとしているのか、よくわかっています。けれども、同時に二人は、自分たちの言葉の文法的分析はしていません。同様に、モードの読者はこれらの記号が生産されるメカニズムには無意識で、ただそれを受けとっているだけなのです。それに、これらの記号は多様を極めています。もちろん、誰もが知っているように、衣服をとおしてわたしたちはかなり初歩的な情報交換をしていて、民族学者が言うような、自分たちの社会的地位や職業的地位、年齢層といった情報だけでなく、いかなる社会的慣用に従っているのか、いかなる儀式に向けて装っているのか、いかなる職についているのか、などといった情報も交換しています。「イブニングのためのドレス、ショッピングのためのドレス、春のための、女子学生のための、軽快な若い女性のためのドレス……」。他方でモードは、記述する衣服を、わたしたちが表現したいと願っている自分、社会のなかで自分が演じたいと思っている複雑な役割に合わせようともつとめています。たとえば、若者の現在のモードを逐一追っている若者がいるとする。彼にとって「ミリタリールック」は、それだけで、彼のまわりにいるひとたち全員に一つの情報を伝えるわけです、すなわち彼は、メンタリティの面でも価値観の面でも、ある一定のグループに属していると認められたがっていることが伝わるわけです。

あなたによれば、一方で、わたしたちは衣服にあなたが基本的とみなしておられる一般的な記号作用を読みとり、他方で、個人が自分であたえている意味作用を読みとるわけです。後者の方の問題は、あなたにテクニカルな問題を課したはずです。あなたの計画は、モードの商品にふくまれる記号単位の目録を作成することでしたから。門外漢のわたしには、個人レベルの分析をおこなうのは難しいように思われるのですが。

それは、わたしたちがみな個人というものにたいして抱いている幻想なのです。もちろん、生きてゆくためには、こうした信仰というか幻想がなければなりませんが。しかしながら、事実は、かなりの数にのぼる事例を研究し、それらの事例に科学的姿勢をもってのぞめばたちまちわかるのですが、分類可能性を拒むような個人など一人もおりません。心理テストがそれを証明しています。わたしたちはまた、人間がどのような形にたいしても何かの意味をあてがうということにも気がついています。形態と内容のあいだに安定した関係などありません。たとえば、ミニスカートを例にとりましょう。現在、ミニスカートはエロティックだと言われます。だが五十年ほど前は、同じ形容詞がまさにロングスカートについて使われたのです。いまは、スカートの短さをエロティシズムの要素で合理化しているわけです。

けれども、現在のモードは一つの革命、いやむしろ女の進化の記号であるとよくいわれています。短いチュニカを着て脚を見せているアマゾンヌは、別のシルエット以上のもの、ほとんど別の女性です。姿を消したのは、闇と神秘からなっていた女性像そのものなのです。衣服のもっていたクラシックな要素、毛皮とか宝石とか、革といったものは、今では時代遅れです。もう一つ、一時代の終焉をあきらかにする事実をあげましょう。多かれ少なかれ女たちがモデルにする女性は、金持ちのモデルではなく、若いモデルなのです。ミニスカートはストリートに降りてきたのではないのです。それは、ロンドンのストリートから生まれたのです。

わたしは、このモードが何らかの社会学的な現象に対応しているとは思いません。わたしの思うに、わたしたちがある衣服を説明したり合理化したりしようとするときに考える理由はすべて、疑似-理由なのです。記号の秩序の理性の秩序への転換は、別のところで合理化という名で知られています。言葉を変えて言いますと、まったく別の動機、形式的な動機で生まれた事実に後から理屈をつけるのです。衣服の心理学を確立したフリューゲルは、シンボルが合理化されるこうした社会的変換の例を幾つかあげました。長くて先のとがった靴は、その靴を採用した社会によってファロスのシンボルとは理解されず、それを履くのはただ衛生学的な理由のせいだということになっています。精神分析の象徴との結びつきがそれほど大きくない例をあげましょう。一八三〇年頃、ネクタイの糊づけは快適さと衛生的利点があるということで正当化されていました。この二つの例のいずれあっても、記号の理由をその物理的形状とまさに反対のものに合理化する傾向が見てとれますが、おそらくそれは偶然ではないにちがいありません。どちらのケースでも、窮屈さが快適さに逆転している。ですから強調しなければならないのは、実際に衣服はつねに記号の一般的体系として構築されるとしても、このシステムの意味作用は安定していないということです。それは、歴史の変動につれて変わってゆくのです。

もしあなたが五十年前にこの本をお書きになっていたとしても、あなたの分析は同じだったのでしょうか。

まさにそのとおりです。わたしはある特殊なモードを記述したわけではありませんから。まさしくわたしは形式の目録をつくりあげようと心がけたのでして、したがって、その目録はモードの内容に関知しないわけです。モードとは一つの結合術であって、さまざまな要素と変換の規則とからなる無限の貯蔵庫を有しています。毎年、文法と同じような制約と規則をもったもろもろの特徴の総体からその年のモードの特徴を汲みだしてくるのです。ですから、モードがわたしたちの眼に予測不可能なものに見えるとしたら、それはわたしたちが人間的記憶のレベルに身をおいているからなのです。けれどももしあなたが観察のスケールを変えて、数年単位のスケールではなく、四十年から五十年の単位に身を置くとしたら、この現象に大変な規則性があることがわかってくるでしょう。アメリカの民族学者、A・L・クローバーは絶対に否認できないやりかたでそのことを証明しました。モードの変化は規則的であるのみならず（振幅はおよそ半世紀、完全な回帰は一世紀）、その形態の変化にも一定の合理性がある、と。たとえば、スカートの幅とウエストの幅は必ず反比例する。一方が狭いとき、他方は広い。要するに、多少長い持続期間をとってみれば、モードは秩序だった現象であって、この秩序はモードそれじたいにそなわっているのです。

それでも、ここでまた、待ってくださいと言いたいのです。なぜなら現在、モードに狂気の風が吹いているような気がするからです。メタルのドレスから宇宙服ルックまで、これまでに一度もない狂気の風が吹いています。すべてが可能で、モードの奇矯さがあまりにもすさまじいので、眼を閉ざしてもう何も見たくないと思うほどです。もういちどミニスカートを例にとりましょう。これほどの短かさは、先史時代以外には決して見当たらないのですが。

それもみな相対的なものです、そして、ある意味でミニスカートの例はこうして大きなリズムからモードを予測する見かたを合理化するものでもある。なぜならミニスカートの広がりをそれじたいで見るのではなく、ただスカートの相対的な広がりだけを見る必要があるからです。そうすると、現在の現象は完全に予見できていたのです。つまり、現在、スカートの長さは、もう一方の長さの極と比べて、できるだけ短い状況になるだろうと。このもう一方の長さの極もまたそれじたい相対的なもので、今から五十年前、一九〇〇年頃に長さの極に達しました。言葉を変えれば、ミニスカートは確かにとても短くみえますが、分析者が考慮にいれるのは次の事実だけです。それは非常に短いのではなく、全サイクルのなかであたうかぎり最も短いのです。もちろん、それでも歴史には歴史の力があり、その自由を保持して何らかの予期せぬ事態をまぎれこませるものです。それでも、モードのリズムがふつうに規則的であり続けるなら、スカートは、季節による変化を重ねながら今日から少しずつまた長くなるはずですよ。たとえば二〇二〇年か二〇二五年には、スカートは再びとても長くなるにちがいありません。

多くの思想家や詩人たちが長いあいだ抱いてきたモードのヴィジョンを打ちこわす論ですね。かれらはモードを好みの場、自由な創造と気まぐれと軽みの場とみなしています。ご著作の優れた点の一つはこうしたヴィジョンの脱神話化をはかったことです。とはいえ、こうした脱神話化が少しさびしいのは否めませんが……

いや、わたしはクチュリエたちが創造の自由を発揮して創意に満ちた型をつくりだせることを否定する気は毛頭ありません。ただ、モードを歴史的次元まで拡張してみるやいなや、もはや奥深い規則性しか見出されないということなのです。

France-Forum, 1967/6/5

13 科学的な詩をめぐるインタビュー ローラン・コロンブールとの対談

あなたのモード分析は、いかなる問題関心と研究のあいだに位置づけられていたのでしょうか。

これまでわたしが書いてきたものは全般的に、とりあげる対象の多様性が特徴だと言えます。文学について語ると同時に日常生活の神話や広告についても語ってきましたから。それと同時に、テーマの統一性も特徴だと言えます。最初のエッセイである『零度のエクリチュール』以来、わたしがつねに関心をよせてきたもの、それは文化的対象の意味作用だからです――もちろん、文学というこの特殊な文化的対象にはきわめて特権的な関心を払ってきましたが。はじめのうち、わたしはこの意味作用の研究を、確かに一定の言語文化研究とともにすすめてきました。けれども、『神話作用』のあとがきにいたってはじめて気づいたのですが、意味作用研究から派生して、言語学に由来する学問それじたいを研究対象にできるし、とにかく真に方法論的なアプローチができるのだと気づいたのです。

それ以来、こうした文化的対象の意味作用の問題について、方法論をはっきりと明示して、体系的考察をすすめられることを証明できると思いました。そう思えたのは、言語学というすでに存在している科学の導きの光のおかげです。その時から、少なくとも試論として、意味の視点にたった何らかの文化的対象の体系的な探求を企てはじめました。そしてわたしは衣服から始めたのです。

この種の研究が現代の人文科学の全体にどんな位置を占めるものかについては、あなたもご存じかと思いますが、こうした個人的な試みと並行して(この頃はまだ言語学が今のように多くの研究者の特権的モデルにはなっていない時期でした)、言語学にたいする関心がかなり広まり、何人かの科学者たちが——その筆頭にあげるべきは、いうまでもなくクロード・レヴィ＝ストロースですが——共同でなり単独でなりで研究努力をはじめ、そのおかげで言語学の方法の応用範囲が広がりはじめたのです。ですから、この本は、言語学とかかわり始めた一部の人文科学のある種の刷新のうちに位置づけられるものです。

ご本のなかで、幾つか、言語学にかかわる根本的な断言に出会います。「人間の言語は意味のモデルであるだけでなく、その基礎である」とか、「真の理性は、制度的パロールから、そのパロールが創立するリアルなものに向かうことにある」、あるいはまた、パロールとは「シニフィアンの全秩序の不可欠な媒介である」といった定理もあります。これらの命題は、かなり広い範囲にまたがるもののようにみえますし、おそらく自明のものでもないと思われます。コメントが必要なのではないでしょうか。

まずはじめに、さして重要でない説明から。この本の成立過程そのものにかかわる話です。はじめわたしは、女性が街で着たり家で着たりしている本当の衣服の研究の構想をあたためていました。完全に現実の対象であるこの衣服に、それがいかにして意味をなすのかを知る分析方法を適用しようと考えていたのです。というのも、おわかりのように衣服はただからだを保護したり飾ったりするのに役立つだけでなく、情報を交換するためにも役立っているからです。ということは、明らかに、そこには言語活動があり、原則としてそれは、素材が分節言語ではなくても、言語学的なタイプの分析にゆだねられるはずです。それから、しだいに、意味のテクニックそのものにかかわる現実的な困難を幾つか経験するうちに、現実の衣服の言語活動は確かに存在するけれども、きわめて雑駁で貧しいことに気がついたのです。現実の衣服は何らかの内容をもっているぐらいで、衣服の形態は眼にみえて多様なのに、意味作用そのものはとても貧しい。現実の衣服のコードは存在しますが、結局のところ、自動車を運転するドライバーにとっての道路標識のコード以上に豊かでもなく、たぶん面白くもありません。

現実のコードのこのような貧しさと寡黙さはほかのところでわたしたちが知っている集

団的表象の豊かさや、社会のうちにある極度の意味の繁殖、そしてまた世の中で衣服の占める現実的な重要性と矛盾しています。現実のコードの極度の貧しさと文化の世界の素晴らしい豊かさのあいだのこうした距離によって、わたしは自分の想定を覆すことになり、衣服が真に意味するものになるには、それが人間の言語にになわれるときにかぎられると考えるようになりました。わたしたちは自分たちの衣服をいろんな風に話題にしますが、それは、会話の的だからといった理由だけでなく、むしろそれが広告の対象であり、批評の対象、カタログの対象だからなのです。どんな時にも、分節言語は衣服に入りこんできます。しかもそれは、言語がなければ思考も内面性もない以上にそうなのです。衣服を考えること、すでにそれは衣服のなかに言語をもちこむことです。だからこそ、文化的対象は、それが浸されている言語、分節化され、話され、書かれた言語の外で考えることは不可能なのです。こうして言語学はもはや意味作用の一般科学の一部以上のものにみえてきました。命題を逆にして、言語学は意味作用の総体的科学だと言わねばなりません。まずそれが先にあって、人間の言語が出会う各対象に応じて個別的な記号学に分化してゆくのです。

あなたは、スタイルは個人的なもの、エクリチュールは集団的なものだと区別なさっておられる。そして、あなたが分析なさっているのはモードのエクリチュールです。ですが、

モード雑誌のこうした匿名のテクストのなかで、誰が語っているのでしょう？　モードのエクリチュールを語っているのは社会だと言ってよいのでしょうか。

衣服の言語の形態を語っているのは社会全体であり、その内容を語っているのは小集団だけだと言えます。モードが衣服について語る言語が拠ってきたるさまざまな用語と諸々の関係の一般的コードは社会が生みだすものであり、それが形式的なものであるかぎり、ほとんど普遍的な性格をそなえています。モードの言語《ラング》をみがくのは社会全体なのです。けれども、当然ながら、もしあなたが何か個別的な内容を言い表すためにこのラングを使う場合には、あなたはメッセージの発信を制限しているのであり、事実それはもっぱら社会の一集団だときっぱり言えるわけです。たとえば、このモードの一般的ラングを話して、そこに個別的な内容をこめているモードの制作者たちや雑誌などの編集者たちがそうですね。だがわたしはそうした内容の研究はせずに、全面的に形式のレベルにとどまりました。わたしは、「ラング」という語に固有の意味でのモードのラングを研究したのです。つまり、抽象的な体系として研究したわけでして、まさしく、言語において、名詞、形容詞、動詞、冠詞、従属節、等々を研究するのとまったく同じで、個別の文章にはいっさい手をつけませんでした。わたしは個々のモードを研究したのではなく、諸関係の純粋な体系としてのモードを研究したのです。

こうした構造主義的で形式主義的な分析を前にして、『神話作用』以来――これはもっと社会に内在し、モラリスト的な作品でしたが――ロラン・バルトの作品のなかで何かが失われたという印象を抱く読者がいるかもしれません。どうお答えになりますか？

まず第一に、決定的に失われたものは何もありません。人生の全仕事はとどまることがありませんし、一つの作品を一定の集大成にしあげるためには、こうした仕事の全体性を時間にそって少しずつ小出しにしてゆかざるをえないので、そうした継起性はしばしば矛盾した様相を呈するものです。でなければ、どのみち、まさしく自己喪失か自己放棄のような様相を呈してしまう。わたしは今の時期、一種のラディカリズムをもって体系的な試みを、しかも体系的に形式的な試みをやれるところまでやる必要があるのです。というのも、内容の見出しかたという意味で、観念のもたらすあまりの容易さに悩んでいるというのが本当のところだからです。けれどもわたしの試みは以前より進んでいますから、これからまた別のことに移ってゆくことでしょう。

第二に、これも申し上げたいのですが、世間への攻撃は、言うまでもなく、『神話作用』のような仕事よりも、形式主義的な仕事の方がずっと少ないものです。だがわたしたちはいろいろなレベルで世間を攻撃し、自分たちの日常世界のイデオロギー的疎外を攻撃できるのです。『モードの体系』もまた世間にたいする倫理的な断言がふくまれていますし、しかもそれは『神話作用』と同じものです。すなわち、世間には悪が、社会的、イデオロギー的な悪が存在しているのであって、その悪は、記号の体系だと白状しない記号の体系に結びついているのです。文化とは記号作用の動機なき体系だと認める代わりに、ブルジョワ社会はつねに自然や理性によって正当化された記号をさしだしている。この意味では、『神話作用』と『モードの体系』では同じ例証がなされています——といっても『モードの体系』では、集団的な情動に大きくかかわってゆく政治的事件や社会的現象よりも一見はるかに軽薄な対象をあつかってはいますが。

まさにおっしゃるとおり、ご著書の対象（モード雑誌のテクスト）と、用いられた方法がつりあっていないという感情を抱かざるをえません。厳密であるために、記号学は、無意味で、他愛なくて取るに足らない対象に限定されているのでしょうか。

もちろん、そんなことはありません！　まずささいなことから申しますと、第一にわたしは方法論的証明をしたかったのです。ですから、対象は何でもよかった。それが軽薄でくだらないことであればあるほど、あつかいやすく、方法を鮮明にうかびあがらせることができます。対象は方法の支えにすぎないのですから。第二に、もっと深い理由を申し上げますと、あえて言いますが、『モードの体系』は詩的な試みとして考えることもできるのです。その試みは、まさに無をもって、あるいはあるかなきかのものをもって知的な対象を構成することにあるのですから。読者の眼に、その複雑さ、諸関係の総体のなかから、徐々に一つの知的対象がたちあらわれてくるのです。ですから読者はこう言えるのです（もしこの本が成功していたら、それが理想だったにちがいありませんが）。初めには、何もない、モードの服など存在していない、きわめて軽薄でどうでもよいものだ。そして、最後に、たしかに存在する新たな対象がある。そして、それはその対象を成立させた分析なのです。こうなってこそ、まさに詩的というにふさわしい試みだと語ることができます。すなわちそれは対象をつくりだす試みなのですから。ここで、一種の無の哲学のオーラを放っている例というか、先行者に出会えるかもしれません。世界の無を相手どって作品をつくるという関心がそこにあるからです。空虚や構造の拡散化が現代思想の重要テーマだからという理由だけではありません。それだけでなく、モードについては、マラルメのような人間が、わたしも再びやってみたいと思ったかもしれないようなことをまさにやってのけたからなのです。『最新流行』は、マラルメが編集し、自身で書いた雑誌ですが、それは結局のところ、空虚、無についての、心奪われる、マラルメ的な一種の変奏なのであって、彼はそれを取るに足らないものと呼びました。

意味作用にかんする歴史的な情熱が存在し、意味の人類学的重要性が本当に存在すると思われるのでしたら――そして、これは軽薄な対象ではありませんが――、こうした意味への情熱は、模範的にも、ほとんど無にもひとしい対象から出発して書かれているのです。それは、批評の大きな動きの一部をなすにちがいありません。一方で、一見重大そうに見える対象をへこますという意味で。他方で、いかにして人間が無をもとに意味をつくりだすかという意味で。後者の方にこの本を位置づけられたらと思うのですが、成果のほどはどうでしょうか……。

Sept Jours, 1967/7/8

編訳者あとがき

本書は、『モードの体系』（一九六七年）にいたるまで、バルトがさまざまなメディアに発表したモード論を一冊に編んだものである。

一九五五年から一九六七年まで、およそ十年のあいだに書かれたモード論の数々は、長短さまざまだが、内容的に大きく二つに分けることができる。一つは、たとえば『エル』に書かれた「シャネルvsクレージュ」のように、誰にでも読めるモード・エッセイである。読むために何の専門知識もいらず、バルトらしいエスプリの弾ける文章は、テクストの快楽とモードの快楽を共にたたえて、愉しく読める。これらのエッセイをまとめて第一部とした。

もう一つ、第二部には、エッセイとは対照的な学術的モード論と、『モードの体系』をめぐる三つのインタビューをおさめた。

第二部に集めた学術的なモード論は、難解で、時に難渋でさえあり、多少なりとも記号学の知識がない読者にはとっつきにくい印象をあたえるかもしれない。とはいえ、ここにまとめられた論考こそ、モードの記号学である『モードの体系』に直結してゆくものであり、いわばその草稿群だといっても過言ではない。膨大な服飾史の文献を批判的に解読しつつ、めざすべき「モードの記号学」の方法論を模索するこれらの作品は、どんな時、何を語っても才気がきらめきたつバルトのエクリチュールを読みなれたわたしたちを、ある意味で当惑させるテクストだといえるかもしれない。まるで博士論文を準備する大学院生のように生真面目に、研究史を綿密にサーヴェイする彼の姿は、「学究の徒」という、およそバルトに似つかわしくない言葉を思いおこしてしまうほどである。

そう、まちがいなくこの時期のバルトは学究の徒なのだ。時まさに一九六〇年代。レヴィ＝ストロースが巻き起こした構造主義の新風は世界の知識人をゆさぶり、バルトもまたその風に嬉々として舞った一人だった。『零度のエクリチュール』で華やかにデビューしたバルトは、その後ソシュールを学び、本格的に記号学に傾倒してゆく。身近な日常にある大衆的な文化現象の意味作用を問うこと。『神話作用』（一九五七年）から始まったこうした記号学的分析をさらに厳密に、学的な体系として構築すること、それが六〇年代のバルトの情熱だった。実際、情熱と呼びたいほどに、分析の方法論を模索する彼の論には学的な熱がこもっている。「衣服の歴史と社会学」の分析の執拗さなど、そのあかしともいえるだろう。

そうしてバルトはきたるべき『モードの体系』への助走コースを走り続けたのだった。

第二部最大のテクスト「今年はブルーが流行」は、もはやゴール近くにあるといってもよい論で、モードの記号学の骨子はほぼここに出そろっている。分析の対象を、モード雑誌に「書かれた衣服」に限定する方法といい、そうして書かれた衣服のシニフィエはつねにモードであるという定式といい、『モードの体系』の原理はすでにここにある。原理ばかりでなく、細部——あれほどバルトがこだわる細部——もまた完成近く、『モードの体系』の読者は同じような引用や図表に出会うことだろう。「今年はブルーが流行」は、いわば「プレ・モードの体系」なのである。

体系、構造、記号学——こうして構造主義が知的モードであった六〇年代、「書かれた衣服」ではなく、モードの現場はどうだったのだろうか。

その答えを、バルト自身が教えてくれている。第一部の最後におかれた「シャネル vs クレージュ」は、『モードの体系』刊行と同じ一九六七年に書かれたエッセイである。時のモード界の寵児はクレージュ、ミニスカートと「白」と宇宙服スタイルをひっさげてモード界を席巻したクレージュは、ファッションの世界に「若さ」というカテゴリーをもちこんだ初のデザイナーである。構造主義の六〇年代はミニスカートとヤングルックの六〇年代でもあったのだ。

こうして台頭した「若いモード」の旗手に対する守旧派といえば、何といってもココ・シャネルである。時にシャネル八十四歳。パリのモード界に劇的なカムバックをとげてから十四年、永遠のスタイルを確立した彼女は、まさにグランド・マドモアゼルとして世に君臨していた。彼女が、ミニスカート旋風をたいそう気にしながらも、スカート丈を絶対に変えようとせず、ここからシャネル・スーツのスカート丈を「シャネル丈」と呼ぶならわしが生まれたのは有名である。こうした「古典派」シャネル・モードの本質をなんと見事にバルトは理解していることだろう。シャネルは毎年変わるモードの時間システムに加担せず、アンチ・モードを自分のスタイルにした。「変わらないこと」が晩年のシャネルの特質だったのである。

下手なシャネル伝より正確にシャネルの本質を語り、それを通して、「毎年変わる」システムであるモードの本質をも語るこのエッセイは、第一部の白眉をなしている。記号学に夢中の理論家バルトが、いかにモードに精通し、街のはやりすたりに精通していることか。理論家でありながらあくまで「具体」の人であるバルトのセンスをあらためて思い知らされる。モードの「体系」は、モードの細部を知りつくしているからこそ構築された体系なのである。『モードの体系』刊行時のインタビューで、文化現象の記号学を志向しながら、料理や食物、建築や住宅など、特に対象はモードでなくてもよかったと語っているが、やはりバルトにとっていちばんなじみ深く、面白い素材は他の何よりモードだったにちがいない。

ところで、くだんのインタビューは、インタビュアーの質問と答えるバルトとのやりとりがまったく嚙みあっていないところが、群をぬいて面白い。インタビュアーを務めているセシル・ドランジュという女性はおそらくモード記者かモード雑誌記者だと思われるが、他の二つのインタビューの聞き手にくらべ、いちだんと知的でなく、しかもそれを隠そうとしないのが、期せずして興味つきないやりとりを生んでいる。題して、ファッション好きの非インテリ女性は『モードの体系』を――モードの記号学的分析を――どう読むか？

冒頭の率直な読後感が何よりまず面白い。彼女は言う、「こんな生真面目な学術的著作」に出くわすとは思ってもみなかった、と。『神話作用』のようなぴりっとした批評か、社会学的発想の分析を期待していたのに裏切られてしまったと言うのである。要するに彼女は「記号学の体系」など読みたくなかったのだ。

おそらく彼女の反応は、具体的なモード論や批評を読みたいと思って『モードの体系』を開いた女性読者の示す反応の典型の一つだといってよいだろう。たしかにそうした読者は記号学という方法に躓いてしまうかもしれない。モードを対象にした記号学的分析は、文節言語を対象にした記号学にはない複雑さがあるからだ（シニフィアンの支持項やシニフィアンがめざす対象など、他の記号学的分析が必要としない事項が登場してくる）。そうでなくても記号学に詳しいおしゃれ好きなどむしろめずらしい人種だろう。モードの記号学を理解するのは、たしかにただのモード好きには容易ではない。

もう一点、嚙みあっていない論点の一つが、「書かれた」衣服の分析についてのくだりである。バルトは、街で見かけるような現実の衣服ではなく、モード雑誌に書かれた衣服に分析のターゲットをしぼった。ところがセシル・ドランジュはモード雑誌の「言葉」など少しも説得力がないと言う。写真やイメージの方がはるかに女性に訴えてくる、と。それればかりか、「試着せずにドレスを買うような女性など一人もいません」と実に実践的な反論をくわえているのは、ほほえましいシーンではないだろうか。

そんな「現実的な」女性の感覚にたいして、バルトが忍耐強く答えているのも感動的である。バルトにとっては逆に、「書かれた衣服」こそモードをつくりだすのだ。モード雑誌に書かれ、語られること、そのメディアのざわめきがなければおよそモードは成立しない。モード雑誌のエクリチュールのシニフィエはつねに「モード」なのだから。どのように書かれるかでなく、書かれるか否かが問題なのである。実際、メディアに語られないモードなど存在しない。モードがあるから語るのではなく、メディアが語るからこそモードがあるのだ。

そうしてバルトがモード雑誌『エル』の言葉を分析してからおよそ半世紀、モード・メディアはますます多様化し、いまやネット・モード花盛りの感がある。だがそうしてメディアは移り変わっても、メディアの語る衣服がモードであるという真実は少しも変わっていない。すべてモードを語るメディアは「祝祭」を語り、決して不幸を語らない。いつ、どんなシーンでも「きれい」でありたいというモードの神話は今も変わることなく続いている。バルトのモード論の核心は現在に生きているのである。『モードの体系』が古典であるゆえんであろう。

そして、バルト自身にとっても、『モードの体系』は別の意味で一時代の古典となってゆく。最後のインタビューで、さりげなく、私はまた別のものに移ってゆくことでしょうと語っているとおり、バルトは決して一つのスタイルにとどまることをしない。衣装を着がえるように、あるスタイルから別のスタイルへと変わってゆく。その移り気もまたバルトのこよない魅力である。

六〇年代に体系というスタイルに夢中だった彼は、しだいに体系を離れ、その対極にある「断片」のスタイルに熱愛をそそぎだす。『恋愛のディスクール・断章』を知る読者は、その断章というスタイルのえもいわれぬ魅惑を味わい知っているにちがいない。こうして断片をスタイルにした彼は、さらにまたその衣装をも脱ぎ捨てて、最後は小説というスタイルに向かってゆく。バルトは終生モードさながらの変身を愛したのである。

そうしてバルトが着がえていったスタイルの最大の一つである「体系」の華やかな形見として、『モードの体系』があり、そこへいたる着こなしのレッスンとして、ここに編んだモード論の数々がある。第一部からでも第二部からでも、読者の思いのままに頁をめくってくだされればよいと思う。「読み飛ばす」という身ぶりもまたバルトの愛するところだったことを忘れずに……。

本書の編訳にあたっては、筑摩書房編集局の大山悦子さんにさまざまなアドバイスをいただき、実務的なご苦労をおかけした。大山さんがいなければ本書が生誕することはなかったと思う。心から感謝したい。

*

翻訳は、とくに第二部に収めた論について難航をきわめた。セシル・ドランジュのような素朴なモード好きの気持ちがよくわかる私のこと、記号学は手ごわいテクストであった。時間をかけてベストをつくしたつもりだが、まだ見落とした誤りもあるかと思う。識者のご叱声をいただけたら幸いである。なお、バルトについては、すでにみすず書房から『ロラン・バルト著作集』が刊行されており、本書に編んだ論の多くが収録されている。また、藤原書店刊『叢書アナール』第Ⅱ巻にも「衣服の歴史と社会学」の一論が収められている。それぞれの論の訳を参照させていただいた。また、『モードの体系』をはじめ、著作集にない単行本の訳書も大いに参照させていただいた。訳者のお名前を一人一人あげることはひかえさせていただくが、あつく感謝申しあげたい。

二〇一一年　秋

山田登世子

本書は、ちくま学芸文庫オリジナル編集の新訳である。

カントの批判哲学
ジル・ドゥルーズ
國分功一郎訳

近代哲学を再構築してきたドゥルーズが、三批判書を追いつつカントの読み直しを図る。ドゥルーズ哲学が形成される契機となった一冊。新訳。

基礎づけるとは何か
ジル・ドゥルーズ
國分功一郎／長門裕介／西川耕平編訳

より幅広い問題に取り組んでいた、初期の未邦訳論考集。思想家ドゥルーズの「企画の種子」群を紹介し、彼の思想の全体像をいま一度描きなおす。

スペクタクルの社会
ギー・ドゥボール
木下誠訳

状況主義――「五月革命」の起爆剤のひとつとなった芸術＝思想運動――の理論的支柱で、最も急進的かつトータルな現代消費社会批判の書。

論理哲学入門
E・トゥーゲントハット／U・ヴォルフ
鈴木崇夫／石川求訳

論理学とは何か。またそれは言語や現実世界とどんな関係にあるのか。哲学史への確かな目配りと強靭な思索をもって解説するドイツの定評ある入門書。

ニーチェの手紙
茂木健一郎編・解説
塚越敏／眞田収一郎訳

哲学の全歴史を一新させた偉人が、思いを寄せる女性に綴った真情溢れる言葉から、手紙に残した名句まで――書簡から哲学者の真の人間像と思想に迫る。

存在と時間 上・下
M・ハイデッガー
細谷貞雄訳

哲学の根本課題、存在の問題を、現存在としての人間の時間性の視界から解明した大著。刊行時すでに哲学の古典と称された20世紀の記念碑的著作。

「ヒューマニズム」について
M・ハイデッガー
渡邊二郎訳

『存在と時間』から二〇年、沈黙を破った哲学者の後期の思想の精髄。「人間」ではなく「存在の真理」の思索を促す、書簡体による存在論入門。

ドストエフスキーの詩学
ミハイル・バフチン
望月哲男／鈴木淳一訳

ドストエフスキーの画期性とは何か？《ポリフォニー論》と《カーニバル論》という、魅力にみちた二視点を提起した先駆的著作。（望月哲男）

表徴の帝国
ロラン・バルト
宗左近訳

「日本」の風物・慣習に感嘆しつつもそれらを〈零度〉に解体し、詩的素材としてエクリチュールとシーニュについての思想を展開させたエッセイ集。

エッフェル塔

ロラン・バルト
宗左近／諸田和治訳
伊藤俊治図版監修

塔によって触発される表徴を次々に展開させることで、その創造力を自在に操る、バルト独自の構造主義的思考の原形。解説・貴重図版多数併載。

エクリチュールの零度

ロラン・バルト
森本和夫／林好雄訳註

哲学・文学・言語学など、現代思想の幅広い分野に怖るべき影響を与え続けているバルトの理論的主著。詳註を付した新訳決定版。（林好雄）

映像の修辞学

ロラン・バルト
蓮實重彥／杉本紀子訳

イメージは意味の極限である。広告写真や報道写真、そして映画におけるメッセージの記号を読み解き、意味を探り、自在に語る魅惑の映像論集。

ロラン・バルト　モード論集

ロラン・バルト
山田登世子編訳

エスプリの弾けるエッセイから、初期の金字塔『モードの体系』に至る記号学的モード研究まで。初期のバルトの才気が光るモード論考集。オリジナル編集・新訳。

呪われた部分

ジョルジュ・バタイユ
酒井健訳

「蕩尽」こそが人間の生の本来的目的である！　思想界を震撼させ続けたバタイユの主著、45年ぶりの待望の新訳。沸騰する生と意識の覚醒へ！

エロティシズム

ジョルジュ・バタイユ
酒井健訳

人間存在の根源的な謎を、鋭角で明晰な論理で解き明かす、バタイユ思想の核心。禁忌とは、侵犯とは何か？　待望久しかった新訳決定版。

宗教の理論

ジョルジュ・バタイユ
湯浅博雄訳

聖なるものの誕生から衰滅までをつきつめ、宗教の根源的核心に迫る。文学、芸術、哲学、そして人間にとって宗教の〈理論〉とは何なのか。

純然たる幸福

ジョルジュ・バタイユ
酒井健編訳

著者の思想の核心をなす重要論考20篇を収録。文庫化にあたり「クレー」「ヘーゲル弁証法の基底への批判」「シャプサルによるインタビュー」を増補。

エロティシズムの歴史

ジョルジュ・バタイユ
湯浅博雄／中地義和訳

三部作として構想された『呪われた部分』の第二部。荒々しい力〈性〉の禁忌に迫り、エロティシズムの本質を暴く、バタイユの真骨頂たる一冊。（吉本隆明）

エロスの涙
ジョルジュ・バタイユ　森本和夫 訳
エロティシズムは禁忌と侵犯の中にこそあり、それは死と切り離すことができない。二百数十点の図版で構成されたバタイユの遺著。（林好雄）

呪われた部分　有用性の限界
ジョルジュ・バタイユ　中山元 訳
『呪われた部分』草稿、アフォリズム、ノートなど15年にわたり書き残した断片。バタイユの思想体系の全体像と精髄を浮き彫りにする待望の新訳。

ニーチェ覚書
ジョルジュ・バタイユ編著　酒井健 訳
バタイユが独自の視点で編んだニーチェ箴言集。ニーチェを深く読み直す営みから生まれた本書には二人の思想が相響きあっている。詳細な訳者解説付き。

入門経済思想史　世俗の思想家たち
R・L・ハイルブローナー　八木甫ほか 訳
何が経済を動かしているのか。スミスからマルクス、ケインズ、シュンペーターまで、経済思想の巨人たちのヴィジョンを追う名著の最新版訳。

分析哲学を知るための　哲学の小さな学校
ジョン・パスモア　大島保彦／高橋久一郎 訳
数々の名テキストで哲学ファンを魅了してきた分析哲学界の重鎮が、現代哲学を総ざらい！　思考や議論の技を磨きつつ、哲学史を学べる便利な一冊。

表現と介入
イアン・ハッキング　渡辺博 訳
科学にとって「在る」とは何か？　科学は真理を捉えられるのか？　現代哲学の鬼才が20世紀を揺るがした問いの数々に鋭く切り込む！（戸田山和久）

社会学への招待
ピーター・L・バーガー　水野節夫／村山研一 訳
社会学とは、「当たり前」とされてきた物事をあえて疑い、その背後に隠された謎を探求しようとする営みである。長年親しまれてきた大定番の入門書。

聖なる天蓋
ピーター・L・バーガー　薗田稔 訳
全ての社会は自らを究極的に審級する象徴の体系、「聖なる天蓋」をもつ。宗教について理論・歴史の両面から新たな理解をもたらした古典的名著。

人知原理論
ジョージ・バークリー　宮武昭 訳
「物質」なるものなど存在しない――。バークリーの思想的核心が、平明このうえない訳文と懇切丁寧な注釈により明らかとなる。主著、待望の新訳。

存在と無Ⅲ
ジャン=ポール・サルトル
松浪信三郎訳
Ⅲ巻は、第四部「持つ」「為す」「ある」を収録。この三つの基本的カテゴリーとの関連で人間の行動を分析し、絶対的自由を提唱。（北村晋）

公共哲学
マイケル・サンデル
鬼澤忍訳
経済格差、安楽死の幇助、市場の役割など、私達が現代の問題を考えるのに必要な思想とは？ハーバード大講義で話題のサンデル教授の主著、初邦訳。

パルチザンの理論
カール・シュミット
新田邦夫訳
二〇世紀の戦争を特徴づける「絶対的な敵」殲滅の思想の端緒を、レーニン・毛沢東らの《パルチザン》戦争という形態のなかに見出した画期的論考。

政治思想論集
カール・シュミット
服部平治／宮本盛太郎訳
現代新たな角度で脚光をあびる政治哲学の巨人が、その思想の核を明かしたテクストを精選して収録。権力の源泉や限界といった基礎もわかる名論文集。

神秘学概論
ルドルフ・シュタイナー
高橋巖訳
宇宙論、人間論、進化の法則と意識の発達史を綴り、シュタイナー思想の根幹を展開する——四大主著の一冊、渾身の訳し下し。（笠井叡）

神智学
ルドルフ・シュタイナー
高橋巖訳
神秘主義的思考を明晰な思考に立脚した精神科学へと再編し、知性と精神性の健全な融合をめざしたシュタイナーの根本思想。四大主著の一冊。

いかにして超感覚的世界の認識を獲得するか
ルドルフ・シュタイナー
高橋巖訳
すべての人間には、特定の修行を通して高次の認識を獲得できる能力が潜在している。その顕在化のための道すじを詳述する不朽の名著。

自由の哲学
ルドルフ・シュタイナー
高橋巖訳
社会の一員である個人の究極の自由はどこに見出されるのか。思考は人間に何をもたらすのか。シュタイナー全業績の礎をなしている認識論哲学。

治療教育講義
ルドルフ・シュタイナー
高橋巖訳
障害児が開示するのは、人間の異常性ではなく霊性である。人智学の理論と実践を集大成したシュタイナー晩年の最重要講義。改訂増補決定版。

ちくま学芸文庫

ロラン・バルト　モード論集《ろんしゅう》

二〇一一年十一月十日　第一刷発行
二〇二二年十　月二十日　第四刷発行

著　者　ロラン・バルト
編訳者　山田登世子（やまだ・とよこ）
発行者　喜入冬子
発行所　株式会社　筑摩書房
東京都台東区蔵前二―五―三　〒一一一―八七五五
電話番号　〇三―五六八七―二六〇一（代表）
装幀者　安野光雅
印刷所　星野精版印刷株式会社
製本所　株式会社積信堂

ISBN978-4-480-09410-0 C0110